Springer-Lehrbuch

Wolfgang Tschirk

Statistik:
Klassisch
oder Bayes

Zwei Wege im Vergleich

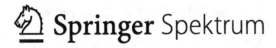 Springer Spektrum

Wolfgang Tschirk
Mathematik, Statistik und Physik
für Schüler und Studenten
mathecampus
Wien, Österreich

ISSN 0937-7433
ISBN 978-3-642-54384-5   ISBN 978-3-642-54385-2 (eBook)
DOI 10.1007/978-3-642-54385-2
Mathematics Subject Classification (2010): 62A01, 62F03, 62F10, 62F15, 62F25

Die Deutsche Nationalbibliothek verzeichnet diese Publikation in der Deutschen Nationalbibliografie; detaillierte bibliografische Daten sind im Internet über http://dnb.d-nb.de abrufbar.

Springer Spektrum

Springer Spektrum ist eine Marke von Springer DE. Springer DE ist Teil der Fachverlagsgruppe Springer Science+Business Media
www.springer-spektrum.de

Vorwort

Statistisch signifikante Resultate gehören in vielen Wissenschaften zum guten Ton. Studenten, die ich beim Auswerten ihrer Daten berate, werden gelegentlich nervös, wenn wir nichts Signifikantes zu Tage fördern – und sind erleichtert, sobald wir etwas finden. Was aber verbirgt sich hinter der magischen Signifikanz? Was sagt sie über die Vermutung, die man mit Hilfe der Daten prüfen will? Und hätte man diese Daten nicht auch ganz anders verwerten können?

Darauf gibt es zwei Antworten: die der klassischen Statistik und jene der Bayes-Statistik, die einander heftig widersprechen. Beide Richtungen haben ihre Anhänger, und beide haben gute Argumente. Gehen wir der Sache auf den Grund! Dazu fragen wir nicht nur, *wie* die Antworten lauten, sondern *warum* sie so lauten. Den Schlüssel finden wir im Wahrscheinlichkeitsbegriff, der von Klassik und Bayes völlig verschieden verstanden wird. Diesen werden wir zuerst betrachten und, auf ihm aufbauend, Zufallsgrößen und Verteilungen; danach klassische und bayessche Methoden entwickeln und schließlich eine Reihe von Problemen lösen, zum einen mit den klassischen, zum anderen mit den bayesschen Verfahren, wobei wir besonderes Augenmerk auf die Interpretation der Ergebnisse richten.

Dieses Buch ist nicht mit dem Ziel geschrieben, Schätz- und Testprozeduren im Umfang einer Statistikvorlesung darzustellen. Wir werden nur einige typische besprechen, diese aber umso eingehender, und dabei so viel Mathematik verwenden, wie zum gründlichen Verstehen nötig ist. Wenn Sie das Buch als Einstieg in die Statistik lesen, wird es Ihnen – so hoffe ich – Einsicht in deren Probleme und Lösungsansätze vermitteln; doch auch, wenn Sie schon mit ihr vertraut sind, könnten Sie den einen oder anderen neuen Gesichtspunkt entdecken. Ob Sie am Ende zur klassischen oder zur Bayes-Statistik neigen (oder beiden etwas abgewinnen), das lassen wir vorläufig offen.

Wien, Jänner 2014   Wolfgang Tschirk

Inhaltsverzeichnis

Einleitung

1

Zusammenfassung

Die schließende Statistik ist die Wissenschaft davon, aus einer Stichprobe auf Eigenschaften der Gesamtheit zu schließen. In ihr gibt es zwei vorherrschende Lehren: die klassische Statistik und die Bayes-Statistik. Beide beruhen auf der Wahrscheinlichkeitsrechnung; da sie aber unter Wahrscheinlichkeit völlig verschiedene Dinge verstehen, haben wir heute nicht *eine* schließende Statistik, sondern *zwei*. Es liegt daher nahe, die beiden gegenüberzustellen, ihre logischen Grundlagen darzulegen, ihre jeweilige Methodik zu erklären und ihre Ergebnisse zu vergleichen. Das ist das Thema dieses Buches.

1.1 Beschreibende und schließende Statistik

Fasst man eine Reihe von Einzeldaten, die alle vorliegen, zu möglichst aussagekräftigen Kennwerten zusammen, dann betreibt man *beschreibende Statistik*. Im einfachsten Fall sind die Einzeldaten Werte einer einzigen Größe, beispielsweise des Cholesterinspiegels von Frauen. So könnten die Cholesterinspiegel einer Gruppe von Frauen gegeben sein, und man charakterisiert diese Daten in kompakter Form durch ihren Mittelwert und ihre Standardabweichung. Sind die Werte zweier oder mehrerer Größen gegeben, beispielsweise die Cholesterinspiegel einer Gruppe von Frauen und einer Gruppe von Männern, so kann man feststellen, wie sich die Mittelwerte und Standardabweichungen dieser Größen unterscheiden.

Solche Beschreibungen hätte man auch gern, wenn man nicht alle Daten kennt, sondern nur einen (möglicherweise sehr kleinen) Ausschnitt davon, eine Stichprobe. Hier kommt die *schließende Statistik* ins Spiel. Sie stellt Methoden zur Verfügung, aus einer Stichprobe auf die Kennwerte der zugrunde liegenden Gesamtheit zu schließen. Wenn in der Stichprobe Männer höhere Cholesterinspiegel haben als Frauen, so lässt sich daraus unter

Umständen schließen, dass und in welchem Maß dies auch in der Gesamtheit der Fall sein kann.

Natürlich sind solche Schlüsse nicht so einfach und so sicher, wie wenn man alle Daten hätte; denn die Stichprobe kann durch Zufall untypisch für die Gesamtheit sein. Man wird also nicht sagen können, der mittlere Cholesterinspiegel *aller* Personen (einschließlich derer, die nicht in der Stichprobe vorkommen) sei so oder so groß, sondern nur, er sei *vermutlich* so oder so groß oder er liege vermutlich in diesem und jenem Bereich, und das Gleiche gilt für alle anderen statistischen Größen. Vieles, das man bei Vorliegen aller Informationen durch einfaches Inspizieren der Daten erkennt, kann, wenn nur eine Stichprobe gegeben ist, nicht mit Sicherheit behauptet werden: Der Schluss von der Stichprobe auf die Gesamtheit ist ein Wahrscheinlichkeitsschluss. Welche Aussagen man treffen kann und wie man zu ihnen kommt, dafür haben sich in den letzten hundert Jahren zwei Ansätze entwickelt; den einen bezeichnet man als *klassische Statistik*, den anderen als *Bayes-Statistik* (nach Thomas Bayes).

1.2   Schließende Statistik: Klassik und Bayes

Die klassische schließende Statistik wird heute in den Human- und Sozialwissenschaften, den Wirtschaftswissenschaften und der Biologie bevorzugt [4, 9, 18, 22], die Bayes-Statistik in Bereichen der Technik und in der künstlichen Intelligenz [2, 23]. Der Unterschied zwischen den beiden Sichtweisen ist, grob gesagt, jener: Die klassische verwendet zum Schätzen von Parametern und zum Testen von Hypothesen nur die Stichprobe; die bayessche stellt zusätzlich in Rechnung, was man sonst noch über das Problem weiß oder annimmt. Das hängt mit unterschiedlichen Meinungen darüber zusammen, was Wahrscheinlichkeit bedeutet: relative Häufigkeit in Zufallsexperimenten (die klassische Sicht) oder einen Ausdruck des Wissens (die bayessche). Strittig ist dabei nicht, wie man mit Wahrscheinlichkeiten *rechnet* – die Regeln sind in beiden Fällen die gleichen. Strittig ist, ob man unter Wahrscheinlichkeit das erste oder das zweite zu verstehen habe. Nach einer Theorie des Philosophen Rudolf Carnap sind beide Begriffe richtig, aber eben verschieden, und unglücklicherweise mit demselben Wort benannt [6].

Warum aber folgen zwei verschiedene Wahrscheinlichkeitsbegriffe denselben Rechenregeln und führen auf dieselben Zahlen? Unsere Analyse wird zeigen, dass sie sich gar nicht prinzipiell, sondern nur in einem technischen Detail unterscheiden und dass man auch im klassischen Rahmen Wahrscheinlichkeit als Ausdruck des Wissens betrachten kann. Das ändert nichts an den Methoden der klassischen schließenden Statistik, erlaubt aber beim Schätzen von Parametern durch Intervalle eine bequemere Interpretation der Ergebnisse. In einem Punkt jedoch bleibt die klassische Statistik beschränkt: beim Testen von Hypothesen. Denn ein klassischer Test sagt nur, wie gut die Stichprobe zur Hypothese passt, aber nicht, wie wahrscheinlich es ist, dass die Hypothese stimmt. Diese Aussage erlaubt erst die Bayes-Statistik.

Klassik und Bayes erscheinen in der Literatur oft wie zwei verfeindete Glaubensrichtungen. Dieses Buch soll den Streit nicht entscheiden, sondern die Standpunkte klären und prüfen. Es stellt daher die logischen Grundlagen der beiden Ansätze in den Mittelpunkt und zeigt ihre Gemeinsamkeiten und Unterschiede, sowohl theoretisch als auch an Beispielen. Den roten Faden für ihre praktische Anwendung liefern uns drei historische Fälle: Semmelweis' Vermutung zum Kindbettfieber, Millikans Messung der Elementarladung und das Milgram-Experiment zum Gehorsam.

1.3 Drei historische Fälle

1.3.1 Semmelweis' Vermutung zum Kindbettfieber

Im Jahr 1847 entdeckte der ungarische Arzt Ignaz Semmelweis die Ursache des Kindbettfiebers, einer tödlichen Erkrankung vieler Frauen nach einer Entbindung. Er hatte Unterschiede zwischen den beiden Wiener Geburtskliniken gefunden: In der ersten Klinik, wo Ärzte die Entbindungen vornahmen, starben beinahe 10 % der Entbundenen an Kindbettfieber; in der zweiten, wo Hebammen entbanden, weniger als 4 %. Überdies war die Sterberate 1823 sprunghaft angestiegen, und gerade in diesem Jahr hatte man zum Studium der Anatomie das Sezieren von Leichen eingeführt. Semmelweis zog den Schluss, dass die Ärzte den Gebärenden die Infektion brachten, weil ihre Hände nach dem Sezieren mit Keimen übersät waren. Er ordnete an, dass sich jeder Geburtshelfer vor dem Entbinden die Hände in Chlorkalklösung zu waschen habe – und sofort sank die Sterberate unter 4 %. Die genauen Daten sind folgende: In den 6 Jahren vor Einführung der Chlorwaschungen (1841–1846) waren in der Ärzteklinik von 20.042 Frauen 1989 gestorben (9,92 %); in den 14 Jahren nach Einführung (1847–1860) von 56.104 Frauen 1883 (3,36 %) [25]. Doch die meisten Ärzte, unter ihnen sämtliche Autoritäten der Zeit, stritten jeden Zusammenhang zwischen ihren Waschgewohnheiten und den Sterbefällen ab. Semmelweis wurde verleumdet und lächerlich gemacht und seine Ergebnisse als Zufall abgetan.

Betrachten wir den Fall aus der Sicht der schließenden Statistik. Semmelweis' Hypothese war: In der Gesamtheit aller (schon durchgeführten und künftigen) Entbindungen ist die Sterberate höher, wenn mit unsauberen Händen gearbeitet wird. Die Hypothese seiner Gegner war einfach das Gegenteil. Hypothese und Gegenhypothese bezogen sich auf eine Gesamtheit, die niemand vollständig kannte und, da sie künftige Fälle einschloss, auch niemand kennen konnte. Semmelweis' Zahlen betrafen eine Stichprobe, und damit haben wir das Grundproblem der schließenden Statistik vor uns, nämlich den Schluss von der Stichprobe auf die Gesamtheit. Doch zu Semmelweis' Zeiten gab es kein Verfahren, das es erlaubt hätte, von der Stichprobe auf die Gesamtheit zu schließen. So bestanden beide Ansichten jahrzehntelang nebeneinander, und buchstäblich hunderte Seiten von Argumenten, Zahlen und Tabellen in Semmelweis' Schriften überzeugten nicht. Wir werden sehen, welche Aussagen die Statistik heute erlaubt.

1.3.2 Millikans Messung der Elementarladung

Zu Anfang des zwanzigsten Jahrhunderts stand die Physik vor der Frage, ob elektrische Ladung in beliebiger Größe auftrete oder nur in Vielfachen einer kleinsten Menge; und wenn Zweiteres zutrifft, wie groß diese kleinste Menge, die *Elementarladung*, sei. Die bedeutendsten Experimente zur Lösung dieses Problems führten der amerikanische Physiker Robert Millikan und seine Studenten von 1907 bis 1917 durch. Sie bliesen Öl durch einen Zerstäuber in eine von elektrischem Feld erfüllte Kammer, luden die entstandenen Öltröpfchen mit ionisierender Röntgenstrahlung elektrisch auf und beobachteten ihre Bewegung. Auf die Tröpfchen wirkten drei Kräfte: die Schwerkraft, die elektrische Kraft und der Luftwiderstand. Aus der Erdbeschleunigung, der Dichte des Öls, der Dichte und der Viskosität der Luft, der elektrischen Feldstärke und den Geschwindigkeiten der Tröpfchen ließ sich deren Ladung berechnen. Es zeigte sich, dass die Ladungen stets Vielfache einer kleinsten Ladung sind; damit war die Elementarladung e gefunden, und im Lauf der Jahre wurde ihr Wert immer genauer bestimmt.

Wir betrachten Millikans Publikation von 1913 [16]. Der darin ermittelte Wert für e ist ein Mittelwert aus 23 Messungen und beträgt $1{,}5924 \cdot 10^{-19}$ Coulomb (Millikan gab seine Resultate in der damals üblichen elektrostatischen Ladungseinheit *esu* an; wir verwenden die heutige Standardeinheit *Coulomb*). Die Unsicherheit des Werts schätzte Millikan auf etwa $\pm 0{,}2\,\%$ und führte sie hauptsächlich auf Unsicherheiten bezüglich der Viskosität der Luft, der Stärke des elektrischen Feldes und der Tröpfchengeschwindigkeiten zurück. Manche dieser Unsicherheiten haben stets zu hohe oder stets zu niedrige Werte für e zur Folge: Nimmt man die Viskosität der Luft um $0{,}1\,\%$ zu hoch an, so erhält man, falls sonst alles stimmt, einen um $0{,}15\,\%$ zu hohen Wert für e, und zwar bei jeder Messung, denn die Viskosität wird in Millikans Berechnungen für alle Messungen gleich angenommen. Gäbe es nur solche *systematischen* Fehler, würde man nichts davon merken, denn man erhielte stets denselben Wert für e.

Andere Unsicherheiten aber können e einmal zu hoch, ein andermal zu niedrig erscheinen lassen; so werden die elektrische Feldstärke und die Tröpfchengeschwindigkeiten bei jeder Messung neu bestimmt und können dabei gleichermaßen in die eine wie in die andere Richtung vom wahren Wert abweichen. Solche *zufälligen* Fehler führen dazu, dass die Werte für e streuen.

Wir untersuchen die zufälligen Fehler vom Standpunkt der Statistik: Gegeben sind 23 Messwerte für e mit einem Mittelwert von $1{,}5924 \cdot 10^{-19}$ und einer Standardabweichung von $0{,}0031 \cdot 10^{-19}$ Coulomb. Wie aussagekräftig ist nun dieser Mittelwert, der ja Millikans Ergebnis darstellt: Liegt er nahe an dem Mittelwert, den man bei sehr vielen, im Idealfall bei „unendlich vielen" Messungen erhalten hätte, und ist er in diesem Sinn ein „guter" Wert? Stellen wir die Frage so: Was sagen Millikans Daten, also seine Stichprobe von 23 Werten, über den Mittelwert der Gesamtheit aller denkbaren Messungen?

Gäbe es keine systematischen Fehler, sondern nur zufällige, die gleichermaßen zu hohe wie zu niedrige Messwerte nach sich ziehen, dann wäre der Mittelwert der Gesamtheit zugleich der wahre Wert der Elementarladung. Das Aufspüren und Eliminieren

systematischer Fehler ist Sache der Physiker. Wir als Statistiker beschränken uns auf
die zufälligen Fehler und schließen daher aus Millikans Daten nicht auf den wahren
Wert von e, sondern auf jenen Wert, den man im Mittel über sehr viele Messungen unter Millikans Bedingungen erwarten würde. (Den wahren Wert schätzt man heute auf
$(1{,}602176565 \pm 0{,}000000035) \cdot 10^{-19}$ Coulomb, also 0,6 % über dem Resultat von Millikan [17].)

1.3.3 Das Milgram-Experiment zum Gehorsam

„Drei Viertel der Durchschnittsbevölkerung können durch eine pseudowissenschaftliche
Autorität dazu gebracht werden, in bedingungslosem Gehorsam einen ihnen völlig unbekannten, unschuldigen Menschen zu quälen, zu foltern, ja zu liquidieren." Dieser Satz
leitet die deutsche Übersetzung des Buches „Obedience to Authority. An Experiment
View" des amerikanischen Sozialpsychologen Stanley Milgram ein. Er stammt nicht von
Milgram selbst, sondern vom Verleger, und ist nach dessen Ansicht das Resümee von Versuchen, die Milgram und sein Team zwischen 1960 und 1963 durchgeführt haben [15].

Die Grundform dieser Versuche hat drei Beteiligte: Lehrer, Schüler und Versuchsleiter.
Der Lehrer stellt dem Schüler Fragen und verabreicht ihm nach jeder falschen Antwort
einen Elektroschock. Die erste falsche Antwort wird mit einem Schock von 15 Volt quit-
tiert; bei jeder weiteren wird die Spannung um 15 Volt erhöht, bis zu einem Maximalwert
von 450 Volt. Im Verlauf der Befragung beginnt der Schüler zu protestieren und möchte
entlassen werden; der Versuchsleiter fordert aber den Lehrer auf, weiterzumachen. Schüler
und Versuchsleiter sind in den Test eingeweiht und die Elektroschocks nur simuliert. Das
weiß jedoch die *wirkliche* Versuchsperson, der vermeintliche Lehrer, nicht; diese hält das
Ganze für eine wissenschaftliche Untersuchung von Lernmethoden. Was Milgram aber
tatsächlich untersucht, ist das Verhalten des Lehrers: ob und wann die gespielten Protes-
te, Schmerzensschreie und Ohnmachtsanfälle des Schülers ihn dazu bewegen, sich dem
Versuchsleiter zu widersetzen und den Versuch abzubrechen. Das Ergebnis war, dass von
80 Versuchspersonen (40 Frauen und 40 Männern) nicht weniger als 52 (26 Frauen und
26 Männer) der Autorität des Versuchsleiters nachgaben und bis zur höchsten Schockstufe
mitmachten.

Als Milgrams Buch 1974 erschien, war die Öffentlichkeit bestürzt. Handeln Menschen
wirklich so? Würde man selber so handeln? Als Statistiker fragen wir in erster Linie: Kann
die Behauptung des Einleitungssatzes, drei Viertel der Durchschnittsbevölkerung würden
bedingungslos gehorchen, aufrechterhalten werden?

Die Frage, ob dieser Satz haltbar ist, lässt sich auf der Grundlage von Milgrams Daten schwer behandeln. Erstens ist er unklar; denn was ist die „Durchschnittsbevölkerung",
was heißt „pseudowissenschaftlich", was ist „bedingungsloser Gehorsam"? Zweitens geht
er über das Milgram-Experiment hinaus, weil er die Bereitschaft zum Liquidieren ein-
schließt, aber Milgram hat bewusstes Töten *nicht* simuliert. Wir betrachten statt dieser pro-
blematischen Behauptung eine andere, die ihr nahe kommt, aber leichter zu untersuchen

ist: „Drei Viertel der Erwachsenen können durch den Anschein einer wissenschaftlichen Autorität dazu gebracht werden, einen ihnen völlig unbekannten, unschuldigen Menschen so zu quälen, dass er sterben kann." Wenn wir jene, die das Experiment als Lehrer bis zur höchsten Schockstufe mitmachen würden, *Gehorsame* nennen, lautet die so aufgestellte Hypothese: Der Anteil der Gehorsamen beträgt 75 %.

Wahrscheinlichkeit

2

Zusammenfassung

Wenn wir wissen wollen, wen die Österreicher demnächst wählen werden, fragen wir nicht alle: Wir fragen zehn oder hundert oder tausend und wissen – mehr oder weniger genau und mehr oder weniger sicher – Bescheid. Die Wahlabsichten einer Stichprobe sind zwar nicht dasselbe wie die Wahlabsichten der Gesamtheit; wir können aber berechnen, mit welcher Wahrscheinlichkeit die geschätzten Werte den tatsächlichen wie nahe kommen. Und wenn wir vermuten, ein Medikament führe häufiger zur Heilung als ein anderes, so können wir feststellen, ob die Beobachtung an einer Stichprobe für oder gegen diese Vermutung spricht. Befassen wir uns nun mit jenen Aspekten der Wahrscheinlichkeitsrechnung, die man dazu braucht.

2.1 Ereignisse und Wahrscheinlichkeiten

Wir bezeichnen Ereignisse mit $A, B, C, \ldots$; das Gegenteil eines Ereignisses A nennen wir $\overline{A}$; das Ereignis A *und* B schreiben wir als AB, das Ereignis A *oder* B als $A + B$ und die *Wahrscheinlichkeit* für ein Ereignis A als $p(A)$. Im Jahr 1933 hat Andrej Kolmogorow die Wahrscheinlichkeitsrechnung auf die folgenden drei Regeln (Axiome) gegründet [12]:

1. Die Wahrscheinlichkeit ist eine nichtnegative reelle Zahl:

$$p(A) \geq 0. \tag{2.1}$$

2. Ein sicheres Ereignis S hat die Wahrscheinlichkeit 1:

$$p(S) = 1. \tag{2.2}$$

W. Tschirk, *Statistik: Klassisch oder Bayes*, Springer-Lehrbuch,
DOI 10.1007/978-3-642-54385-2_2, © Springer-Verlag Berlin Heidelberg 2014

3. Schließen A und B einander aus, dann gilt:

$$p(A + B) = p(A) + p(B).$$ (2.3)

Aus diesen Regeln ergeben sich weitere (die wir später ableiten werden):

4. Für Ereignis und Gegenteil gilt:

$$p(A) + p(\overline{A}) = 1.$$ (2.4)

5. Für beliebige A und B gilt:

$$p(A + B) = p(A) + p(B) - p(AB).$$ (2.5)

6. Schließen A und B einander aus, dann gilt:

$$p(AB) = 0.$$ (2.6)

7. Sind A und B voneinander unabhängig, dann gilt:

$$p(AB) = p(A)\,p(B).$$ (2.7)

Die Regeln 3, 6 und 7 lassen sich sinngemäß auf mehr als zwei Ereignisse anwenden: Schließen A, B und C einander aus, folgt aus den Regeln Regel 3 bzw. 6:

$$p(A + B + C) = p((A + B) + C) = p(A + B) + p(C) = p(A) + p(B) + p(C),$$
$$p(ABC) = p((AB)C) = 0;$$

sind hingegen A, B und C voneinander unabhängig, folgt aus Regel 7:

$$p(ABC) = p((AB)C) = p(AB)\,p(C) = p(A)\,p(B)\,p(C).$$

So können wir ein viertes Ereignis hinzunehmen, ein fünftes usw. und kommen zu Wahrscheinlichkeiten für die Zusammensetzung beliebig vieler Ereignisse.

Gibt es keinen Grund, A für wahrscheinlicher oder unwahrscheinlicher zu halten als B, dann gilt: $p(A) = p(B)$. Dieser Grundsatz heißt *Indifferenzprinzip*. Wahrscheinlichkeiten werden damit Ausdruck des Wissens: Weiß man nichts über einen Würfel, so wird man jeder Augenzahl die gleiche Wahrscheinlichkeit zuschreiben; weiß man hingegen, dass der Würfel auf die Drei häufiger fällt als auf andere Zahlen, kommt man zu einem anderen Schluss. Für ein- und dasselbe Ereignis ergeben sich also, je nach Wissen, verschiedene Wahrscheinlichkeiten.

Aus den Kolmogorow-Axiomen und dem Indifferenzprinzip folgt eine Regel, die Jakob Bernoulli schon um 1700 entdeckt hat, die aber seit ihrer Veröffentlichung durch Pierre Simon de Laplace 1812 diesem zugeschrieben wird:

8. Kann man eine Situation in endlich viele einander ausschließende, gleich wahrscheinliche Fälle zerlegen, dann gilt für ein Ereignis A in dieser Situation:

$$p(A) = \frac{\text{Anzahl der für } A \text{ günstigen Fälle}}{\text{Anzahl der möglichen Fälle}}. \tag{2.8}$$

Dabei ist ein *für A günstiger Fall* ein Fall, aus dem A folgt.

Beispiel 2.1 *Wir leiten aus den Regeln 1 bis 3 die Regeln 4 bis 6 ab. Nehmen wir das Indifferenzprinzip hinzu, erhalten wir die Laplace-Wahrscheinlichkeit.*

a) Regel 4. Ein Ereignis A und sein Gegenteil $\overline{A}$ schließen einander stets aus; denn wenn A eintritt, tritt $\overline{A}$ nicht ein, und umgekehrt. Also gilt nach Regel 3:

$$p(A + \overline{A}) = p(A) + p(\overline{A}).$$

Andererseits ist $A + \overline{A}$ ein sicheres Ereignis, denn wenn A nicht eintritt, tritt $\overline{A}$ ein, und umgekehrt. Also gilt nach Regel 2:

$$p(A + \overline{A}) = 1.$$

Beide Gleichungen zusammmen ergeben die Regel 4:

$$p(A) + p(\overline{A}) = p(A + \overline{A}) = 1.$$

b) Regel 5. Das Ereignis $A + B$ zerfällt in drei einander ausschließende Ereignisse: $A\overline{B}$, $\overline{A}B$ und AB (nur A oder nur B oder beide). Daher gilt nach Regel 3:

$$p(A + B) = p(A\overline{B}) + p(\overline{A}B) + p(AB).$$

Das Ereignis A wiederum zerfällt in die einander ausschließenden Ereignisse $A\overline{B}$ und AB, und analog zerfällt B in $\overline{A}B$ und AB. Somit gilt nach Regel 3:

$$p(A) = p(A\overline{B}) + p(AB) \quad \longrightarrow \quad p(A\overline{B}) = p(A) - p(AB),$$
$$p(B) = p(\overline{A}B) + p(AB) \quad \longrightarrow \quad p(\overline{A}B) = p(B) - p(AB).$$

Setzt man die zuletzt gewonnenen Ausdrücke für $p(A\overline{B})$ und $p(\overline{A}B)$ in die erste Gleichung ein, ergibt sich die Regel 5:

$$p(A + B) = p(A) - p(AB) + p(B) - p(AB) + p(AB) = p(A) + p(B) - p(AB).$$

c) Regel 6. Schließen A und B einander aus, gilt nach Regel 3:

$$p(A + B) = p(A) + p(B).$$

Zusammen mit der Regel 5, die für beliebige Ereignisse A und B gilt,

$$p(A + B) = p(A) + p(B) - p(AB),$$

ergibt sich die Regel 6:

$$p(A + B) = p(A) + p(B) = p(A) + p(B) - p(AB) \quad \longrightarrow \quad p(AB) = 0.$$

d) Laplace-Wahrscheinlichkeit. Es seien $B_1, \ldots, B_n$ alle in einer gegebenen Situation möglichen Ereignisse. Gibt es keinen Grund, eines von ihnen für wahrscheinlicher zu halten als ein anderes, so schreiben wir nach dem Indifferenzprinzip jedem dieselbe Wahrscheinlichkeit zu; diese nennen wir $p(B)$. Da außer den B_i kein Ereignis möglich ist, tritt mindestens eines von ihnen ein, und damit ist $B_1 + \ldots + B_n$ sicher:

$$p(B_1 + \ldots + B_n) = 1.$$

Schließen die B_i einander aus, dann gilt nach Regel 3:

$$p(B_1 + \ldots + B_n) = p(B_1) + \ldots + p(B_n) = n\, p(B),$$

und somit ist

$$p(B) = \frac{1}{n}.$$

Die B_i sind die möglichen Fälle im Sinn von Laplace. Nun denken wir uns ein beliebiges Ereignis A. Wir nennen B_i einen für A günstigen Fall, wenn A aus B_i folgt, wenn also mit B_i immer auch A eintritt. Sei m die Anzahl der für A günstigen Fälle; dann gilt nach Regel 3 und der letzten Gleichung:

$$p(A) = m\, p(B) = m\, \frac{1}{n} = \frac{m}{n}.$$

Das ist die Laplace-Wahrscheinlichkeit nach (2.8). $\square$

Um auch die Regel 7 abzuleiten, müssen wir klären, was es bedeutet, dass zwei Ereignisse voneinander unabhängig seien. Dazu brauchen wir den Begriff der bedingten Wahrscheinlichkeit, den wir im nächsten Abschnitt besprechen. Zuvor noch zwei Beispiele.

Beispiel 2.2 *Von einem Medikament sei bekannt, dass es bei 80 % aller Patienten die erwünschte Wirkung hat und bei 3 % aller Patienten Nebenwirkungen, wobei die Nebenwirkungen unabhängig von der erwünschten Wirkung auftreten. Dieses Medikament wird nun einem zufällig gewählten Patienten verabreicht. Wie groß sind die Wahrscheinlichkeiten dafür, dass bei ihm a) die erwünschte Wirkung eintritt, b) Nebenwirkungen auftreten, c) die erwünschte Wirkung ohne Nebenwirkungen eintritt, d) weder erwünschte Wirkung noch Nebenwirkungen auftreten?*

Wir benennen zunächst die Ereignisse: $W :=$ *Es tritt die erwünschte Wirkung ein*, $N :=$ *Es treten Nebenwirkungen auf*.

a) Gesucht ist $p(W)$. Sei n die Anzahl aller Patienten und damit $0{,}8n$ die Anzahl jener, bei denen das Medikament in gewünschter Weise wirkt. Wir wählen den Patienten, den wir betrachten, zufällig; das heißt, es kann mit gleicher Wahrscheinlichkeit jeder der n Patienten sein. So gilt nach Laplace:

$$p(W) = \frac{0{,}8n}{n} = 0{,}8\,.$$

Wir sehen also, dass die Wahrscheinlichkeit mit dem Anteil übereinstimmt: Sofern es keinen Grund gibt, das Gegenteil anzunehmen, ist die Wahrscheinlichkeit dafür, dass das Medikament bei einem zufällig gewählten Patienten wie erwünscht wirkt, gleich groß wie der Anteil jener Patienten, bei denen es wie erwünscht wirkt. Diese Gleichheit von Anteil und Wahrscheinlichkeit werden wir im Folgenden oft stillschweigend gebrauchen.

b) Gesucht ist $p(N)$. Analog zu Punkt a dieses Beispiels gilt:

$$p(N) = \frac{0{,}03n}{n} = 0{,}03\,.$$

c) Gesucht ist $p(W\overline{N})$. Laut Voraussetzung treten die Nebenwirkungen unabhängig von der erwünschten Wirkung auf. Daraus folgt:

$$\begin{aligned}
p(W\overline{N}) &= p(W)\,p(\overline{N}) &&\text{nach Regel 7}\\
&= p(W)\,(1 - p(N)) &&\text{nach Regel 4}\\
&= 0{,}8 \cdot (1 - 0{,}03)\\
&= 0{,}776\,.
\end{aligned}$$

d) Gesucht ist $p(\overline{W}\,\overline{N})$. Analog zu Punkt c dieses Beispiels ergibt sich:

$$\begin{aligned}
p(\overline{W}\,\overline{N}) &= p(\overline{W})\,p(\overline{N}) &&\text{nach Regel 7}\\
&= (1 - p(W))\,(1 - p(N)) &&\text{nach Regel 4}\\
&= (1 - 0{,}8) \cdot (1 - 0{,}03)\\
&= 0{,}194\,.
\end{aligned}$$

□

Beispiel 2.3 *Nehmen wir an, es geschehe ein Unfall und jede(r) Zehnte in der Bevölke-*
rung wäre imstande, lebensrettende Hilfe zu leisten. Wie groß ist die Wahrscheinlichkeit
dafür, dass sich unter zehn umstehenden Personen mindestens ein potentieller Lebensret-
ter findet?

Bezeichnen wir die Anzahl der möglichen Lebensretter unter den Umstehenden mit X.
Gesucht ist dann $p(X \geq 1)$. Diese Wahrscheinlichkeit direkt zu berechnen wäre umständ-
lich, da man die Fälle $X = 1$, $X = 2$ usw. einzeln betrachten müsste:

$$p(X \geq 1) = p(X = 1) + \ldots + p(X = 10) \qquad \text{nach Regel 3}.$$

Das Gegenteil von $X \geq 1$ ist aber $X = 0$, und daraus folgt nach Regel 4:

$$p(X \geq 1) = 1 - p(X = 0).$$

$X = 0$ bedeutet: Niemand wäre imstande, Hilfe zu leisten. Die Wahrscheinlichkeit dafür
lässt sich leicht ermitteln: Bezeichnen wir das Ereignis, dass die erste Person ein potentieller Lebensretter ist, mit L_1, dasselbe für die zweite Person mit L_2 usw., dann gilt für
alle i:

$$p(L_i) = 0{,}1.$$

Nehmen wir für die umstehenden Personen an, dass die Fähigkeit der einen, Leben zu
retten, unabhängig sei von der Fähigkeit der anderen. Dann folgt:

$$
\begin{aligned}
p(X \geq 1) &= 1 - p(X = 0) &\qquad \text{nach Regel 4} \\
&= 1 - p(\overline{L_1} \ldots \overline{L_{10}}) \\
&= 1 - p(\overline{L_1}) \ldots p(\overline{L_{10}}) &\qquad \text{nach Regel 7} \\
&= 1 - (1 - p(L_1)) \ldots (1 - p(L_{10})) &\qquad \text{nach Regel 4} \\
&= 1 - 0{,}9^{10} \\
&= 0{,}6513.
\end{aligned}
$$

$\square$

2.2 Bedingte Wahrscheinlichkeit

Unter der *bedingten Wahrscheinlichkeit* $p(A|B)$ verstehen wir die Wahrscheinlichkeit für
ein Ereignis A unter der Bedingung, ein Ereignis B sei eingetreten oder trete ein. Betrachten wir unter dem Gesichtspunkt der Laplace-Wahrscheinlichkeit einmal nur die Fälle,
unter denen B eintritt. Dann ergibt sich:

$$p(A|B) = \frac{\text{Anzahl der für } AB \text{ günstigen Fälle}}{\text{Anzahl der für } B \text{ günstigen Fälle}}.$$

Wir kürzen den Bruch durch die Anzahl der möglichen Fälle und erhalten:

$$p(A|B) = \frac{\dfrac{\text{Anzahl der für } AB \text{ günstigen Fälle}}{\text{Anzahl der möglichen Fälle}}}{\dfrac{\text{Anzahl der für } B \text{ günstigen Fälle}}{\text{Anzahl der möglichen Fälle}}} = \frac{p(AB)}{p(B)}.$$

Daraus folgt der *Multiplikationssatz* für Wahrscheinlichkeiten:

$$p(AB) = p(A|B)\, p(B). \qquad (2.9)$$

(Wir haben diesen Satz aus der Laplace-Wahrscheinlichkeit abgeleitet, weil das besonders einfach war; er gilt aber allgemein, also auch für Wahrscheinlichkeiten, die man nicht nach Laplace ermitteln kann.)

Vertauschen wir A und B, lautet der Multiplikationssatz:

$$p(BA) = p(B|A)\, p(A).$$

Da $AB = BA$ ist, ergeben die beiden Versionen den *Satz von Bayes* (1750):

$$p(A|B) = \frac{p(B|A)\, p(A)}{p(B)}. \qquad (2.10)$$

Nun können wir sagen, was es bedeutet, dass zwei *Ereignisse voneinander unabhängig* sind: Wir nennen A unabhängig von B, wenn das Eintreten von B die Wahrscheinlichkeit für das Eintreten von A nicht ändert, wenn also gilt:

$$p(A|B) = p(A).$$

Daraus folgt die Regel 7, denn wenn A unabhängig von B ist, gilt mit dem Multiplikationssatz:

$$p(AB) = p(A|B)\, p(B) = p(A)\, p(B).$$

Wenn A unabhängig von B ist, dann ist B unabhängig von A. Denn

$$
\begin{aligned}
p(B|A) &= \frac{p(A|B)\, p(B)}{p(A)} \qquad \text{nach dem Satz von Bayes}\\
&= \frac{p(A)\, p(B)}{p(A)} \qquad\quad\; \text{da } p(A|B) = p(A) \text{ ist}\\
&= p(B).
\end{aligned}
$$

Abhängigkeit und Unabhängigkeit im statistischen Sinn haben also nichts mit Kausalzusammenhängen zu tun, sondern nur mit Beziehungen zwischen Wahrscheinlichkeiten.

Wir haben die bedingte Wahrscheinlichkeit eingeführt, als wäre sie ein Sonderfall, doch in Wirklichkeit gibt es *nur* bedingte Wahrscheinlichkeiten. Wenn wir sagen, die Wahrscheinlichkeit für Zahl beim Münzwurf sei 50 %, so gilt das nur unter der Bedingung, dass die Münze fair ist, der Werfer keinen Trick anwendet oder wir zumindest keinen Grund haben, Münze oder Werfer für unfair zu halten, dass wir aus dem Flug der Münze nicht schon auf das Resultat schließen können usw. Solche Bedingungen verschweigt man aus Bequemlichkeit, wenn vorausgesetzt wird, dass sie erfüllt sind.

Beispiel 2.4 *Stellen Sie sich vor, Sie werden auf eine bestimmte Krankheit untersucht mittels eines Tests, der in 99 % aller Fälle das richtige Ergebnis liefert. Nun zeigt der Test bei Ihnen diese Krankheit an. Wie groß ist die Wahrscheinlichkeit dafür, dass die Diagnose stimmt? Beträgt sie 99 %?*

Denken wir uns als konkreten Fall einen HIV-Test, der 99 % aller Infizierten als infiziert erkennt und 99 % aller Nichtinfizierten als nichtinfiziert. In Österreich leben 8,4 Millionen Menschen, und davon sind laut AIDS-Hilfe Wien etwa 15.000 mit HIV infiziert [1]. Von diesen Zahlen ausgehend, fassen wir in Tab. 2.1 zusammen, was man zu erwarten hätte, wenn jeder Mensch in Österreich diesem Test unterzogen würde.

Tab. 2.1 Resultate eines fiktiven HIV-Tests. Spalte H enthält die erwarteten Anzahlen der HIV-infizierten Personen, Spalte $\overline{H}$ jene der nichtinfizierten. Zeile P zeigt die erwarteten Anzahlen der Tests, die HIV-positiv anzeigen, Zeile $\overline{P}$ jene der Tests, die HIV-negativ anzeigen

	H	$\overline{H}$	Summe
P	14.850	83.850	98.700
$\overline{P}$	150	8.301.150	8.301.300
Summe	15.000	8.385.000	8.400.000

Unter den 98.700 Menschen mit positivem Test wären nur 14.850 tatsächlich infiziert. Die Wahrscheinlichkeit dafür, infiziert zu sein, wenn man einen positiven Befund hat, ist damit lediglich 15 %:

$$p(H|P) = \frac{14.850}{98.700} = 0{,}1505\,.$$

Woran liegt das? Wie kann ein Test, bei dem 99 % aller Befunde richtig sind, derart fehlschlagen? Die Antwort lautet: Es stimmen zwar 99 % *aller* Befunde, aber nicht 99 % *aller positiven* Befunde. Warum das so ist, sagt uns der Satz von Bayes; für dieses Beispiel lautet er:

$$p(H|P) = \frac{p(P|H)\,p(H)}{p(P)}\,.$$

Der erste Faktor im Zähler der rechten Seite, $p(P|H)$, ist die Wahrscheinlichkeit für einen positiven Befund bei Infektion: 0,99. Der zweite Faktor im Zähler, $p(H)$, ist die Wahrscheinlichkeit dafür, dass die Testperson infiziert ist, unabhängig vom Testergebnis; man nennt diesen Faktor *Prävalenz*:

$$p(H) = \frac{15.000}{8.400.000} = 0{,}0018 \,.$$

Der Ausdruck im Nenner, $p(P)$, ist die Wahrscheinlichkeit dafür, dass der Test einen positiven Befund liefert, unabhängig von der Infektion:

$$p(P) = \frac{98.700}{8.400.000} = 0{,}0118 \,.$$

Die Prävalenz ist hier kleiner als die Wahrscheinlichkeit für einen positiven Befund, und diese beiden Größen bestimmen die gesuchte Wahrscheinlichkeit maßgeblich mit. Wäre die Prävalenz größer, etwa weil die getestete Person einer Risikogruppe angehört, dann wäre auch diese Wahrscheinlichkeit größer. Wäre die Prävalenz 0, dann wäre auch die Wahrscheinlichkeit 0: Ein Schwangerschaftstest kann noch so sicher sein und er kann ergeben, was er will, die Testperson *ist nicht schwanger* – wenn sie ein Mann ist. □

Beispiel 2.5 *Die Fingerabdrücke des Angeklagten wurden am Tatort gefunden. Wie beurteilen Sie die Wahrscheinlichkeit für seine Schuld?*
Wir benennen die Ereignisse: $F :=$ *Die Fingerabdrücke des Angeklagten wurden am Tatort gefunden*, $S :=$ *Der Angeklagte ist schuldig*. Die Wahrscheinlichkeit dafür, dass der Angeklagte schuldig ist, wenn seine Fingerabdrücke am Tatort gefunden wurden, $p(S|F)$, folgt aus dem Satz von Bayes:

$$p(S|F) = \frac{p(F|S)\,p(S)}{p(F)} \,.$$

Der erste Faktor im Zähler, $p(F|S)$, ist die Wahrscheinlichkeit für das Finden der Fingerabdrücke des Angeklagten am Tatort, falls er schuldig ist. Diese kann, je nach den Tatumständen, klein oder groß sein. War die Tat sorgfältig geplant und hätte ein vernünftiger Täter Handschuhe getragen, so ist diese Wahrscheinlichkeit niedrig und die Fingerabdrücke entlasten den Angeklagten sogar. Der zweite Faktor im Zähler, $p(S)$, ist die Wahrscheinlichkeit für die Schuld des Angeklagten unabhängig von den Fingerabdrücken. Hatte der Angeklagte ein Motiv, ist dieser Faktor höher, hatte er keines, ist er niedriger; hat er ein sicheres Alibi, ist der Faktor 0. Der Ausdruck im Nenner, $p(F)$, ist die Wahrscheinlichkeit für das Finden der Fingerabdrücke am Tatort unabhängig von der Schuld des Angeklagten. Ist der Tatort die Wohnung des Angeklagten, so ist diese Wahrscheinlichkeit praktisch gleich 1 und die Fingerabdrücke sagen gar nichts. Ist der Tatort der Tresorraum der Nationalbank, dann liegen die Dinge anders.
Man kann auch fragen, wie sehr das Finden der Fingerabdrücke die Wahrscheinlichkeit für die Schuld *geändert* hat. Dazu schreiben wir den Satz von Bayes so:

$$p(S|F) = p(S)\,\frac{p(F|S)}{p(F)} \,.$$

Nun ist der erste Faktor die Wahrscheinlichkeit für die Schuld im Vorhinein (a priori), *ohne* Wissen um die Fingerabdrücke, und der zweite macht aus der *a-priori-Wahrscheinlichkeit* eine *a-posteriori-Wahrscheinlichkeit*, eine Wahrscheinlichkeit im Nachhinein, also *mit* Wissen um die Fingerabdrücke. Kommt ein Indiz hinzu, zum Beispiel eine Zeugenaussage Z, so liefert das einen weiteren Faktor, denn

$$p(S|FZ) = p(S) \, \frac{p(FZ|S)}{p(FZ)} \qquad \text{nach dem Satz von Bayes}$$

$$= p(S) \, \frac{p(Z|SF) \, p(F|S)}{p(Z|F) \, p(F)} \qquad \text{nach dem Multiplikationssatz}$$

$$= p(S) \, \frac{p(F|S)}{p(F)} \, \frac{p(Z|SF)}{p(Z|F)} \, .$$

Sind die Indizien unabhängig voneinander, vereinfacht sich der neue Faktor:

$$p(S|FZ) = p(S) \, \frac{p(F|S)}{p(F)} \, \frac{p(Z|S)}{p(Z)} \, .$$

Wir erkennen nun, auf welchem Weg Indizien zur Beurteilung einer Sachlage beitragen: Mit jedem Indiz kommt ein multiplikativer Faktor zur Wahrscheinlichkeit hinzu. Dieser Faktor ist selbst keine Wahrscheinlichkeit; er kann größer sein als 1 und die Wahrscheinlichkeit erhöhen oder kleiner als 1 und die Wahrscheinlichkeit verringern oder gleich 1 und an der Wahrscheinlichkeit nichts ändern: Eine Zeugenaussage kann den Angeklagten belasten oder entlasten oder irrelevant sein.   □

2.3 Totale Wahrscheinlichkeit

Betrachten wir noch einmal das Beispiel 2.4. Im letzten Teil dieses Beispiels haben wir die Wahrscheinlichkeit für einen positiven Befund, unabhängig von einer HIV-Infektion, berechnet. Die positiven Befunde setzen sich zusammen aus solchen, die Infizierte betreffen, und solchen, die Nichtinfizierte betreffen:

$$P = PH + P\overline{H} \, .$$

Da die beiden Fälle einander ausschließen, gilt:

$$p(P) = p(PH) + p(P\overline{H}) \, .$$

Wenden wir auf diese Beziehung den Multiplikationssatz an, so erhalten wir:

$$p(P) = p(P|H) \, p(H) + p(P|\overline{H}) \, p(\overline{H}) \, .$$

In diesem Zusammenhang nennt man $p(P)$ die *totale Wahrscheinlichkeit* für das Ereignis P. Sie ergibt sich aus bedingten Wahrscheinlichkeiten und den Wahrscheinlichkeiten dafür, dass die Bedingungen eintreten. Das kann man allgemein wie folgt beschreiben: Die totale Wahrscheinlichkeit für ein Ereignis A unter einer Reihe von (endlich oder unendlich vielen) Bedingungen $B_1, B_2, \ldots$, die einander ausschließen und von denen eine eintreten muss, ist gegeben durch die (endliche oder unendliche) Summe

$$p(A) = \sum_i p(A|B_i)\, p(B_i)\,. \tag{2.11}$$

Beispiel 2.6 *Eine Klinik A behandelt drei Krankheiten: K_1, K_2 und K_3. Die Heilungsraten sind: 40 % bei K_1, 90 % bei K_2 und 80 % bei K_3. Von den Patienten leiden 60 % an K_1, 30 % an K_2 und 10 % an K_3. Wie hoch ist die Heilungsrate insgesamt, also die Wahrscheinlichkeit dafür, dass ein zufällig gewählter Patient geheilt wird?*

$$\begin{aligned} p(H) &= P(H|K_1)\, p(K_1) + P(H|K_2)\, p(K_2) + P(H|K_3)\, p(K_3) \\ &= 0{,}4 \cdot 0{,}6 + 0{,}9 \cdot 0{,}3 + 0{,}8 \cdot 0{,}1 \\ &= 0{,}59\,. \end{aligned}$$

$\square$

Beispiel 2.7 *Eine Klinik B ist auf dieselben drei Krankheiten spezialisiert wie die Klinik A aus dem vorigen Beispiel, hat aber bei jeder dieser Krankheiten eine niedrigere Heilungsrate als A: nur 30 % bei K_1, 80 % bei K_2 und 70 % bei K_3. Kann es dennoch sein, dass B insgesamt eine höhere Heilungsrate hat als A?*

Überraschenderweise ja! Leiden in B 10 % der Patienten an K_1, 80 % an K_2 und 10 % an K_3, dann hat B insgesamt eine Heilungsrate von

$$p(H) = 0{,}3 \cdot 0{,}1 + 0{,}8 \cdot 0{,}8 + 0{,}7 \cdot 0{,}1 = 0{,}74\,.$$

Dieses Resultat ist als *Simpson-Paradoxon* bekannt (Edward Simpson 1951). Im Nachhinein ist es leicht zu erklären: Klinik B hat einen hohen Anteil an leichten Fällen, während A die schweren abbekommt. $\square$

2.4 Analyse des Wahrscheinlichkeitsbegriffs

2.4.1 Was ist Wahrscheinlichkeit?

Wie man mit Wahrscheinlichkeiten rechnet, das haben wir in diesem Kapitel in den Grundzügen geklärt. Offen ist aber die Frage, was wir *meinen*, wenn wir sagen, ein Ereignis habe diese oder jene Wahrscheinlichkeit. Was also „ist" Wahrscheinlichkeit?

Eine Antwort lautet: Wahrscheinlichkeit ist *relative Häufigkeit* in Zufallsexperimenten [13]. Dabei versteht man unter einem *Zufallsexperiment* einen beliebig oft unter gleichen Bedingungen wiederholbaren Vorgang, dessen Ausgang nicht mit Sicherheit vorhergesagt werden kann. Wenn 48 % der Neugeborenen Mädchen sind, dann beträgt die Wahrscheinlichkeit dafür, dass ein zufällig herausgegriffenes Neugeborenes ein Mädchen ist, 0,48. Und wenn, wie in Beispiel 2.2, ein Medikament bei 80 % aller Patienten wirkt, dann ist die Wahrscheinlichkeit dafür, dass es bei einem zufällig herausgegriffenen Patienten wirkt, 0,8. Die relative Häufigkeit ist Eigenschaft einer Folge (von Geburten, von Anwendungen eines Medikaments) und wird dann als Wahrscheinlichkeit dem Einzelereignis (der einzelnen Geburt, der einzelnen Anwendung) zugeschrieben. Schon Galilei hat auf diese Weise Wahrscheinlichkeiten ermittelt; beim Spiel mit drei Würfeln kam er dahinter, dass die Augenzahl 17 dreimal so oft fällt wie die 18, und schloss daraus, sie sei dreimal so wahrscheinlich.

Nun gibt es Ereignisse, bei denen weit und breit keine Folge in Sicht ist, denen man aber auch eine Wahrscheinlichkeit zuschreiben möchte: Wenn ein Bergsteiger eine Wand erklettern will, an der sich noch niemand versucht hat – wie groß ist die Wahrscheinlichkeit dafür, dass es ihm gelingt? Fragen wie diese beantwortete der Philosoph Karl Popper: Er prägte den Begriff der *Propensität*, der Neigung einer experimentellen Anordnung, bestimmte Ergebnisse hervorzubringen [19]. Popper zufolge ist die Propensität eine Eigenschaft physikalischer Objekte, die sich zeigen würde, wenn die Objekte (die experimentellen Anordnungen) in Aktion träten. Man würde dann eine Folge von Ereignissen mit bestimmten relativen Häufigkeiten beobachten. Hat die experimentelle Anordnung, bestehend aus dem Bergsteiger, der zu erkletternden Wand und den sonstigen Umständen, die Propensität 0,7 für einen Erfolg, so würden nach Popper 70 % aller Versuche mit Erfolg enden. Popper vergleicht die Propensität mit dem elektrischen Feld. Wenn man sagt, in einem Punkt des Raums herrsche ein elektrisches Feld bestimmter Stärke, so bedeutet das, dass eine elektrische Ladung, brächte man sie an diesen Punkt, eine Kraft bestimmter Größe erfahren würde. Diese Aussage gilt auch dann, wenn man *keine* Ladung an den Punkt bringt. Sie ist eine Aussage über das Feld, also über eine Eigenschaft des Raums, ebenso wie eine Aussage über die Propensität eine Aussage über eine Eigenschaft der experimentellen Anordnung ist. Um diese Aussage zu präzisieren, setzt man an die Stelle der relativen Häufigkeit deren Grenzwert für unendlich lange Folgen. (Dass es unendlich lange Folgen nicht gibt und man die Propensität daher niemals messen kann, ist nicht weiter schlimm. Schließlich sind fast alle fruchtbaren Begriffe der Naturwissenschaft Idealisierungen, denen nichts Reales entspricht: kräftefreie Bewegung, Massepunkt, thermisches Gleichgewicht, homogene Population usw.) Die Propensität erweitert den Anwendungsbereich der Häufigkeitsinterpretation auf *gedachte* Zufallsexperimente, in denen es zwar keine Folgen von Ereignissen *gibt*, wo man sich aber solche Folgen vorstellen kann. Einer gängigen Sprechweise folgend, fassen wir die verschiedenen Spielarten der Häufigkeitsinterpretation unter dem Begriff *Objektivismus* zusammen, welcher ausdrücken soll, dass die Wahrscheinlichkeit hier eine objektive, weil zumindest prinzipiell messbare Größe ist.

Ein Wahrscheinlichkeitsbegriff, der ausschließlich auf Zufallsexperimenten basiert, ist aber auf viele Ereignisse nicht anwendbar. Denn was ist die Wahrscheinlichkeit für ein Ereignis, dessen Eintreten oder Nichteintreten schon feststeht? Während eines Gerichtsprozesses steht längst fest, ob der Angeklagte schuldig ist oder nicht, nur weiß es (außer dem Angeklagten und vielleicht wenigen anderen) niemand; das Urteil wird nach Maßgabe der Wahrscheinlichkeit für die Schuld gefällt oder nach Maßgabe dessen, was man für die Wahrscheinlichkeit hält; aber nicht oder nicht allein auf Basis relativer Häufigkeiten, sondern auf Basis alldessen, was die Urteilenden zum Zeitpunkt des Urteils über den Fall wissen. Ob das nächste Kind ein Mädchen wird, steht nach der Befruchtung fest; weiß man es nicht, so kann man sich dafür immerhin eine Wahrscheinlichkeit denken. In beiden Fällen liegt kein Zufallsexperiment vor, und so braucht man einen anderen Wahrscheinlichkeitsbegriff.

In den 1950er-Jahren gründete Edwin Jaynes die Wahrscheinlichkeitstheorie auf eine Lehre vom plausiblen Schließen aus gegebenem Wissen [10]. Sie ruht auf fünf Grundsätzen: Der *Plausibilitätsgrad* einer Behauptung wird als reelle Zahl ausgedrückt; die Bemessung des Plausibilitätsgrades entspricht dem gesunden Menschenverstand; wenn eine Behauptung auf verschiedene Weisen erschlossen werden kann, stimmen die resultierenden Plausibilitätsgrade überein; jeder Schluss basiert auf dem gesamten verfügbaren Wissen; wenn dieses Wissen von zwei Behauptungen keine bevorzugt, sind beide gleich plausibel. Ausgangspunkt von Jaynes' Überlegungen ist zwar der Plausibilitätsgrad und nicht die Wahrscheinlichkeit; doch diese ergibt sich aus ihm in eindeutiger Weise, und die abgeleiteten Wahrscheinlichkeitsregeln sind die gleichen, die man auch mit den Kolmogorow-Axiomen erhält. Jaynes spricht niemals von der Wahrscheinlichkeit einer Behauptung an sich, sondern stets von der Wahrscheinlichkeit in Bezug auf gegebene Daten. Seine Wahrscheinlichkeiten sind also Ergebnis logischer Beziehungen zwischen bekannten und unbekannten Daten: Aus den Wahrscheinlichkeiten des Bekannten (der Fingerabdrücke des Angeklagten am Tatort, der Zeugenaussagen usw.) folgt die Wahrscheinlichkeit des Unbekannten (der Schuld des Angeklagten). Damit erhält ein- und dieselbe Behauptung für zwei Personen mit verschiedenem Wissensstand verschiedene Wahrscheinlichkeiten. Das hat zu der Bezeichnung *Subjektivismus* für diesen und verwandte Ansätze geführt; obwohl Jaynes klarstellt, dass verschiedene Personen mit dem gleichen Wissensstand, sofern sie rational schließen, zu den gleichen Wahrscheinlichkeiten kommen und die Wahrscheinlichkeit somit nur von der Information abhängt, nicht aber von der schließenden Person selbst. Dass Jaynes die Wahrscheinlichkeit von *Behauptungen* behandelt und nicht die von Ereignissen, ist nur eine Ausdrucksvariante. Denn unter der Wahrscheinlichkeit einer Behauptung versteht er die Wahrscheinlichkeit dafür, dass die Behauptung stimmt, dass also das behauptete Ereignis eingetreten ist oder eintritt: Die Wahrscheinlichkeit der Behauptung „Es schneit" ist dasselbe wie die Wahrscheinlichkeit dafür, dass es schneit. Und wenn wir später von der Wahrscheinlichkeit einer Hypothese sprechen, meinen wir damit nichts anderes als die Wahrscheinlichkeit des hypothetischen Ereignisses.

2.4.2 Objektivismus und Subjektivismus

Klassische Statistiker gehen vom Objektivismus aus, Bayes-Statistiker vom Subjektivismus. Deshalb sollten wir klären, in welchem Verhältnis Objektivismus und Subjektivismus stehen. Zunächst stellen wir fest, dass auch der Objektivismus sich auf Wissen stützt: Damit der Objektivist einer Mädchengeburt die Wahrscheinlichkeit 0,48 zuschreiben kann, muss er wissen, dass die relative Häufigkeit von Mädchengeburten 48 % beträgt. Kennt er eine andere Häufigkeit, wird er eine andere Wahrscheinlichkeit annehmen. Kennt er keine Häufigkeit, wird er vielleicht eine Wahrscheinlichkeit von 0,5 annehmen, weil er weiß, dass es ungefähr gleich viele Frauen wie Männer gibt. Er wird also die beste ihm verfügbare Quelle zur Ermittlung oder Abschätzung der relativen Häufigkeit heranziehen und die Wahrscheinlichkeit auf Basis des so gewonnenen Wissens schätzen. Der Unterschied zum Subjektivisten ist also nicht etwa, dass der Objektivist kein Wissen verwenden würde, sondern dass er nur solche Wissensquellen akzeptiert, die ihm relative Häufigkeiten liefern. Der Objektivismus ist also die Einschränkung des Subjektivismus auf bestimmte Wissensquellen. Die Wahrscheinlichkeit des Objektivisten ist nicht die relative Häufigkeit selbst, sondern eine aus dem Wissen über relative Häufigkeiten abgeleitete Größe, ebenso wie die Wahrscheinlichkeit des Subjektivisten eine aus dessen Wissen abgeleitete Größe ist.

Damit verschwindet das Rätsel, warum die Wahrscheinlichkeit des Objektivisten und jene des Subjektivisten denselben Rechenregeln folgen, nämlich jenen, die wir zu Beginn dieses Kapitels formuliert haben. Die vorherrschende Ansicht ist ja, dass es sich um *verschiedene* Wahrscheinlichkeitsbegriffe handelt. Manche halten nur den Häufigkeitsbegriff für berechtigt und heißen dann Objektivisten oder Frequentisten, andere akzeptieren nur den logischen Begriff und sind dann Subjektivisten oder Bayesianer; und Rudolf Carnap war der Meinung, beide Wahrscheinlichkeitsbegriffe wären richtig, aber eben verschieden und unglücklicherweise mit demselben Wort benannt [6]. Keiner dieser Standpunkte würde aber erklären, warum zwei verschiedene Begriffe denselben Rechenregeln folgen sollten. Sieht man jedoch, dass der Subjektivismus den Objektivismus als Sonderfall enthält, dann ist klar, dass die Regeln des Subjektivismus auch für den Objektivismus gelten – wie das, was für alle Zahlen gilt, auch für Primzahlen gilt, und was für alle Menschen gilt, auch für dich und mich. Der Objektivismus fügt lediglich noch eine Anwendungsvorschrift hinzu, nämlich jene, dass als maßgebliches Wissen nur das Wissen über relative Häufigkeiten zählt.

Trotz allem bleibt die Frage, warum Wahrscheinlichkeiten und relative Häufigkeiten in langen Folgen, sofern ein Vergleich möglich ist, stets ungefähr gleich groß sind (man räumt ja beim fairen Würfeln der Eins die Wahrscheinlichkeit 1/6 ein, und tatsächlich fällt die Eins in rund 1/6 aller Fälle). Dieses Problem hat schon Jakob Bernoulli vor über 300 Jahren angepackt und gezeigt, dass bei zunehmender Versuchsanzahl der Unterschied zwischen der Wahrscheinlichkeit eines Ereignisses und der relativen Häufigkeit seines Eintretens mit beliebig großer Wahrscheinlichkeit beliebig klein wird. Damit konnte er die zahlenmäßige Übereinstimmung von Wahrscheinlichkeit und relativer Häufigkeit begründen, ohne die Wahrscheinlichkeit nach objektivistischer Art als relative Häufigkeit zu *definieren*. Wir werden Bernoullis *Gesetz der großen Zahlen* in Abschn. 3.4.2 beweisen, nachdem wir uns die Voraussetzungen dafür, nämlich ausreichendes Wissen über Verteilungen, angeeignet haben.

2.4.3 Welche Ereignisse haben eine Wahrscheinlichkeit?

Wir haben nun besprochen, was man unter Wahrscheinlichkeit versteht. Damit hängt die Frage zusammen, welchen Ereignissen man überhaupt eine Wahrscheinlichkeit zuschreiben kann. Sieht man Wahrscheinlichkeit als relative Häufigkeit in Zufallsexperimenten, dann können nur solche Ereignisse eine Wahrscheinlichkeit haben, die als Ausgang eines Zufallsexperiments in Frage kommen. Wie zu Beginn dieses Abschnitts gesagt, versteht man unter einem Zufallsexperiment einen beliebig oft unter gleichen Bedingungen wiederholbaren Vorgang, dessen Ausgang nicht mit Sicherheit vorhergesagt werden kann. Es kann sich dabei aber nicht um *einen* Vorgang handeln, denn würde der gleiche Vorgang unter gleichen Bedingungen wiederholt, so müsste das (außer vielleicht in der Quantenphysik, die wir hier außer Acht lassen) stets zum gleichen Ergebnis führen; die relative Häufigkeit dieses Ergebnisses wäre 1 und die aller anderen denkbaren Ergebnisse wäre 0. *Unterschiedliche Ergebnisse* sind nur von *unterschiedlichen Vorgängen* zu erwarten; was bei mehreren Durchführungen des Experiments gleich bleibt, ist nicht der Vorgang selbst, sondern die Information über ihn. Wirft man mehrmals einen Würfel, so sind die einzelnen Würfe voneinander verschieden; wir wissen aber über den ersten Wurf das Gleiche wie über jeden weiteren: dass es sechs Augenzahlen gibt und keinen Grund, eine eher zu erwarten als eine andere. Wüsste man hingegen über jeden Wurf *alles*, also sämtliche Einzelheiten des Geschehens, so würde man erstens die Verschiedenheit der Vorgänge erkennen und zweitens den Ausgang jedes Wurfs vorhersagen können.

Die Vorstellung von *zufälligen* im Sinn von *grundsätzlich unbestimmten* Ereignissen hat also keine Basis, denn Zufälligkeit ist nur das Resultat fehlenden Wissens. Die „zufälligen" Fehler in Millikans Öltröpfchenversuch erscheinen nur deshalb zufällig, weil man nicht genug weiß, um den Ausgang jeder einzelnen Messung vorhersagen zu können. Wenn wir in Beispiel 2.2 von einem „zufällig gewählten" Patienten sprechen, so meinen wir, dass wir nichts darüber wissen oder annehmen, auf wen die Wahl fällt. Wenn wir dem Ereignis, dass bei diesem Patienten das Medikament wirkt, eine Wahrscheinlichkeit von 0,8 zuschreiben, dann deshalb, weil wir nur eines wissen: dass es bei 80 % aller Patienten wirkt. Man könnte aber durchaus genug wissen, um vorherzusehen, ob ein Medikament wirken wird und wie es bei einem bestimmten Patienten wirken wird. Und man kann sich ohne Weiteres ein Wissen denken, das ausreichen würde, die Lottozahlen vorherzusagen, besonders dann, wenn sie von einer Maschine gezogen werden. Somit kann man *jedem* Ereignis eine Wahrscheinlichkeit zuschreiben: eine bedingte, nämlich eine Wahrscheinlichkeit in Bezug auf das in Rechnung gestellte Wissen.

Wir betrachten im Folgenden die Wahrscheinlichkeit in diesem Sinn: als Resultat logischer Beziehungen zwischen bekannten und unbekannten Daten. In den Kapiteln über die klassische Statistik werden wir aber als bekannte Daten nur jene ansehen, die dort zugelassen sind, also relative Häufigkeiten in realen oder gedachten Zufallsexperimenten. Erst in den Kapiteln zur Bayes-Statistik werden wir zusätzliches Wissen in Form von Prioriverteilungen verwenden.

2.4.4   Ereignisse mit Wahrscheinlichkeit 1 oder 0

In Abschn. 2.1 haben wir festgestellt, dass ein sicheres Ereignis die Wahrscheinlichkeit 1 hat. Das Gegenteil eines sicheren Ereignisses ist ein unmögliches und hat die Wahrscheinlichkeit 0. Die Umkehrung gilt aber nicht: Ein Ereignis mit Wahrscheinlichkeit 1 muss nicht sicher sein, und eines mit Wahrscheinlichkeit 0 muss nicht unmöglich sein. Das sieht man wie folgt ein: Wenn es unendlich viele einander ausschließende Fälle gibt und keinen Grund, einen davon für wahrscheinlicher zu halten als einen anderen, dann hat jeder Fall die Wahrscheinlichkeit 0 (andernfalls wäre aufgrund des Indifferenzprinzips die gesamte Wahrscheinlichkeit unendlich). Wir wissen beispielsweise nicht, wann der nächste Blitz einschlagen wird. Es kann unendlich viele Zeitpunkte geben, von denen jeder gleichermaßen in Frage kommt. Für jeden dieser Zeitpunkte ist die Wahrscheinlichkeit dafür, dass der Blitz gerade dann einschlagen wird, gleich 0. Irgendwann wird er aber einschlagen; das Ereignis, dass es genau dieser Zeitpunkt ist, hat daher a priori die Wahrscheinlichkeit 0 und tritt dennoch ein. Es gibt also Ereignisse mit Wahrscheinlichkeit 0, die eintreten können, und folgerichtig gibt es Ereignisse mit Wahrscheinlichkeit 1, die nicht eintreten müssen.

Freilich kann man bei einem Ereignis mit Wahrscheinlichkeit 0 nicht damit rechnen, dass es eintritt; es ist zwar unter den genannten Umständen nicht *unmöglich*, aber, praktisch betrachtet, *so gut wie unmöglich*, und ebenso ist dann ein Ereignis mit Wahrscheinlichkeit 1 zwar nicht *sicher*, aber *so gut wie sicher*. Ereignisse mit Wahrscheinlichkeit 1, die nicht sicher sind, werden in der Literatur auch als *fast sicher* bezeichnet, und Ereignisse mit Wahrscheinlichkeit 0, die nicht unmöglich sind, als *fast unmöglich* [20].

Zufallsgrößen und Verteilungen

3

Zusammenfassung

Eine *Zufallsgröße* ist eine Größe, der man nicht einen bestimmten Wert zuschreiben kann, sondern nur ein Spektrum möglicher Werte. Unter der *Verteilung* einer Zufallsgröße versteht man die Angabe darüber, wie sich die gesamte Wahrscheinlichkeit 1 auf die möglichen Werte verteilt. Eine Zufallsgröße heißt *diskret*, wenn sie nur bestimmte, zum Beispiel ganzzahlige Werte annehmen kann; kann sie beliebige Zwischenwerte annehmen, dann nennt man sie *stetig*. So ist die morgige Anzahl der Segelboote am Wörthersee eine diskrete Zufallsgröße, seine morgige Höchsttemperatur eine stetige. Misst man die Temperatur in ganzen Grad Celsius, dann ist dieser Messwert diskret. Verteilungen diskreter Größen heißen *diskrete Verteilungen*, Verteilungen stetiger Größen sind *stetige Verteilungen*.

3.1 Diskrete Zufallsgrößen und Verteilungen

Eine diskrete Zufallsgröße X habe endlich oder unendlich viele mögliche Werte $x_1, x_2, \ldots$ (Zufallsgrößen schreibt man meist in Großbuchstaben, ihre Werte in Kleinbuchstaben). Zu jedem möglichen Wert x_i kann man eine Wahrscheinlichkeit dafür benennen, dass X genau diesen Wert annimmt:

$$p(X = x_i) \,.$$

Dass X einen der möglichen Werte annimmt, ist sicher und hat daher die Wahrscheinlichkeit 1, und die möglichen Werte schließen einander aus, da X nicht zugleich zwei verschiedene annehmen kann. Also gilt:

$$\sum_i p(X = x_i) = 1 \,,$$

wobei die Summe über endlich oder unendlich viele Werte laufen kann.

W. Tschirk, *Statistik: Klassisch oder Bayes*, Springer-Lehrbuch,
DOI 10.1007/978-3-642-54385-2_3, © Springer-Verlag Berlin Heidelberg 2014

Die *Verteilung* der gesamten Wahrscheinlichkeit 1 auf die einzelnen Werte von X lässt sich beschreiben durch die *Wahrscheinlichkeitsfunktion*

$$f(x) := p(X = x) \tag{3.1}$$

oder die *Verteilungsfunktion*

$$F(x) := p(X \le x). \tag{3.2}$$

Die Wahrscheinlichkeitsfunktion gibt zu jedem Wert x die Wahrscheinlichkeit dafür an, dass X *genau gleich x* ist. Daher gilt:

$$f(x) = \begin{cases} p(X = x_i) & \text{wenn } x \text{ gleich einem der möglichen Werte } x_i \text{ ist,} \\ 0 & \text{sonst.} \end{cases}$$

Die Verteilungsfunktion gibt zu jedem Wert x die Wahrscheinlichkeit dafür an, dass X *höchstens gleich x* ist. Den Zusammenhang zwischen Wahrscheinlichkeitsfunktion und Verteilungsfunktion kann man daher für die möglichen Werte von X leicht ausdrücken, wenn man diese so nummeriert, dass der kleinste Wert x_1 heißt, der zweitkleinste x_2 usw. Dann gilt:

$$F(x_i) = \sum_{j=1}^{i} f(x_j) \quad \longleftrightarrow \quad f(x_i) = \begin{cases} F(x_i) & \text{für } i = 1, \\ F(x_i) - F(x_{i-1}) & \text{für } i > 1. \end{cases} \tag{3.3}$$

Unter den Parametern, die eine Zufallsgröße kennzeichnen, sind am wichtigsten der Erwartungswert, die Varianz und die Standardabweichung. Als *Erwartungswert* μ („my") *von X*, auch $E(X)$, bezeichnet man den Wert

$$\mu := \sum_i x_i \, f(x_i). \tag{3.4}$$

Er wird auch als *Mittelwert der Verteilung von X* bezeichnet. Läuft die Summe über unendlich viele Werte und strebt sie keinem Grenzwert zu (konvergiert sie nicht), dann hat die Verteilung keinen Mittelwert.

Ein Maß für die Unsicherheit über den Wert von X ist die *Varianz* σ^2 (σ: „sigma") *der Verteilung von X*, auch *Varianz von X* oder $V(X)$:

$$\sigma^2 := \sum_i (x_i - \mu)^2 \, f(x_i). \tag{3.5}$$

Läuft diese Summe über unendlich viele Werte und konvergiert sie nicht, dann hat die Verteilung keine Varianz.

Die Wurzel aus der Varianz heißt *Standardabweichung* σ:

$$\sigma := \sqrt{\sigma^2}. \tag{3.6}$$

Beispiel 3.1 *Laut Statistik Austria hatten im Jahr 2010 in Österreich 39,3 % aller Familien keine Kinder, 30,4 % ein Kind, 22,4 % zwei, 6,1 % drei und 1,9 % vier oder mehr Kinder* [26] *(zur Vereinfachung zählen wir Letztere als Familien mit vier Kindern). Greifen wir nun zufällig eine Familie heraus, so ist deren Kinderanzahl eine diskrete Zufallsgröße X mit p(X = 0) = 0,393 usw. nach (2.8). a) Wie groß sind Erwartungswert, Varianz und Standardabweichung von X ? b) Wie sehen Wahrscheinlichkeits- und Verteilungsfunktion von X aus?*

a) Erwartungswert (3.4), Varianz (3.5) und Standardabweichung (3.6):

$$\mu = 0 \cdot 0{,}393 + 1 \cdot 0{,}304 + 2 \cdot 0{,}224 + 3 \cdot 0{,}061 + 4 \cdot 0{,}019 = 1{,}011\,,$$

$$\sigma^2 = (0 - 1{,}011)^2 \cdot 0{,}393 + (1 - 1{,}011)^2 \cdot 0{,}304 + \ldots + (4 - 1{,}011)^2 \cdot 0{,}019$$

$$= 1{,}032\,,$$

$$\sigma = \sqrt{1{,}032} = 1{,}016\,.$$

b) Wahrscheinlichkeits- und Verteilungsfunktion sind in Abb. 3.1 dargestellt.

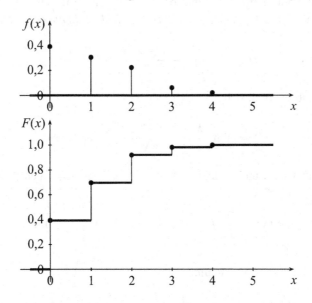

Abb. 3.1 Wahrscheinlichkeitsfunktion (*oben*) und Verteilungsfunktion (*unten*) der Kinderanzahl einer zufällig gewählten österreichischen Familie im Jahr 2010. Die Punkte über den möglichen Werten von x zeigen dort den jeweiligen Funktionswert an

Wahrscheinlichkeits- und Verteilungsfunktion einer Zufallsgröße X sind für alle x definiert, auch für Werte, die X gar nicht annehmen kann; dort ist $f(x) = 0$ und $F(x)$ konstant. Man muss sich daher die Graphen der beiden Funktionen nach links und rechts fortgesetzt denken. $\square$

3.2   Stetige Zufallsgrößen und Verteilungen

Auch stetige Zufallsgrößen haben eine Verteilungsfunktion

$$F(x) := p(X \leq x) \,. \tag{3.7}$$

$F(x)$ gibt zu jedem Wert x die Wahrscheinlichkeit dafür an, dass X *höchstens gleich x* ist. Eine stetige Zufallsgröße hat unendlich viele Werte, und die Wahrscheinlichkeit dafür, dass sie einen bestimmten davon annimmt, ist 0. Wenn aber X nur mit Wahrscheinlichkeit 0 *genau gleich x* ist, gibt $F(x)$ zugleich die Wahrscheinlichkeit dafür an, dass X *kleiner als x* ist:

$$F(x) = p(X < x) \,.$$

Eine Wahrscheinlichkeitsfunktion wie im diskreten Fall hätte keinen Sinn, da ja, wie soeben gesagt, die Wahrscheinlichkeit für jeden einzelnen Wert gleich 0 ist. Man kann aber zu jedem Wert x die Wahrscheinlichkeit dafür benennen, dass X einen Wert in einem Intervall bei x annimmt, und diese Wahrscheinlichkeit auf die Breite Δx („Delta x") des Intervalls beziehen. So gelangt man zur *Wahrscheinlichkeitsdichte* oder kurz *Dichte*

$$f(x) := \lim_{\Delta x \to 0} \frac{p(x \leq X \leq x + \Delta x)}{\Delta x} \,. \tag{3.8}$$

Aus dieser Definition ergibt sich:

$$f(x) = \lim_{\Delta x \to 0} \frac{F(x + \Delta x) - F(x)}{\Delta x} = F'(x) \,,$$

und damit hängen Dichte und Verteilungsfunktion wie folgt zusammen:

$$F(x) = \int_{-\infty}^{x} f(t)\, dt \quad \longleftrightarrow \quad f(x) = F'(x) \,. \tag{3.9}$$

Da X sicher *irgendeinen* Wert annimmt, gilt

$$\lim_{x \to \infty} F(x) = \int_{-\infty}^{\infty} f(t)\, dt = 1 \,. \tag{3.10}$$

Erwartungswert (Mittelwert), Varianz und Standardabweichung sind bei einer stetigen Verteilung gegeben durch:

$$\mu := \int_{-\infty}^{\infty} x\, f(x)\, dx \,, \tag{3.11}$$

$$\sigma^2 := \int_{-\infty}^{\infty} (x - \mu)^2 \, f(x) \, dx \,, \qquad (3.12)$$

$$\sigma := \sqrt{\sigma^2} \,, \qquad (3.13)$$

sofern die Integrale konvergieren. Konvergiert das erste Integral nicht, hat die Verteilung keinen Mittelwert; konvergiert das zweite nicht, hat sie keine Varianz und damit auch keine Standardabweichung.

Den folgenden beiden Größen, Median und Modus, werden wir nur bei stetigen Verteilungen begegnen; wir beschränken uns daher auf diesen Fall. Der *Median* $\tilde{x}$ ist jener Wert, unter bzw. über dem X mit gleicher Wahrscheinlichkeit, also mit Wahrscheinlichkeit 0,5, liegt:

$$\int_{-\infty}^{\tilde{x}} f(x) \, dx = 0,5 \,. \qquad (3.14)$$

Der *Modus m* ist der Wert größter Dichte:

$$f(m) = \max\{f(x)\} \,. \qquad (3.15)$$

3.3 Funktionen von Zufallsgrößen

Eine Größe, die von einer oder mehreren Zufallsgrößen abhängt, ist selbst wieder eine Zufallsgröße. Erwartungswert und Varianz einer Funktion der Zufallsgrößen $X_1, \ldots, X_n$ lassen sich manchmal durch die Erwartungswerte und Varianzen der X_i ausdrücken. Wir beschränken uns hier auf stetige Größen, da wir nur diese Ergebnisse später benötigen.

Zunächst betrachten wir eine Größe Y, die von einer Größe X derart abhängt, dass höhere Werte von X mit höheren Werten von Y einhergehen, die also eine streng monoton steigende Funktion g von X ist:

$$Y = g(X) \,.$$

X habe die Dichte $f(x)$ und die Verteilungsfunktion $F(x)$, während Y die Dichte $h(y)$ und die Verteilungsfunktion $H(y)$ mit $y = g(x)$ habe. Da g streng monoton steigt, gilt für die Verteilungsfunktionen:

$$H(y) := p(Y \leq y) = p(X \leq x) =: F(x) \,.$$

Wir leiten beide Seiten nach x ab (mit der Kettenregel auf der linken Seite):

$$\frac{d}{dy} H(y) \, \frac{dy}{dx} = \frac{d}{dx} F(x) \,,$$

multiplizieren beide Seiten mit dx und erhalten

$$h(y)\,dy = f(x)\,dx\,.$$

Daraus und aus (3.11) folgt für den Erwartungswert von Y:

$$E(Y) = \int_{-\infty}^{\infty} y\,h(y)\,dy = \int_{-\infty}^{\infty} g(x)\,f(x)\,dx\,.$$

Diese Beziehung lässt sich auf nichtmonotone Funktionen verallgemeinern, und so ergibt sich für jede Funktion g:

$$E(g(X)) = \int_{-\infty}^{\infty} g(x)\,f(x)\,dx\,. \tag{3.16}$$

Für den Erwartungswert von Vielfachen von X folgt aus (3.16):

$$E(aX) = a\,E(X)\,.$$

Für den Erwartungswert einer Summe gilt:

$$E\left(\sum_{i=1}^{n} X_i\right) = \sum_{i=1}^{n} E(X_i)\,.$$

(Hier würde der Beweis den Rahmen des Buches übersteigen, da wir nur Verteilungen einer einzigen Zufallsgröße ausreichend detailliert betrachten. Er ist in [13] zu finden.) Die letzten beiden Gleichungen können wir in eine zusammenfassen:

$$E\left(\sum_{i=1}^{n} a_i X_i\right) = \sum_{i=1}^{n} a_i\,E(X_i)\,. \tag{3.17}$$

Vergleichen wir (3.16) und (3.12), so sehen wir, dass die Varianz von X nichts anderes ist als $E((X-\mu)^2)$. Daraus und aus (3.17) folgt für die Varianz von Vielfachen von X:

$$V(aX) = E((aX - a\mu)^2) = E(a^2(X - \mu)^2) = a^2\,E((X - \mu)^2) = a^2\,V(X)\,.$$

Die Varianz einer Summe ist aber nicht immer gleich der Summe der Varianzen, sondern nur dann, wenn die *Zufallsgrößen voneinander unabhängig* sind. In Abschn. 2.2 haben wir die Unabhängigkeit zweier Ereignisse erklärt: Das Eintreten des einen Ereignisses beeinflusst die Wahrscheinlichkeit für das Eintreten des anderen nicht und umgekehrt. Unabhängigkeit zweier Zufallsgrößen bedeutet nun, dass der Wert der einen Größe die

Verteilung der anderen nicht beeinflusst und umgekehrt. Für voneinander unabhängige Zufallsgrößen gilt [13]:

$$V\left(\sum_{i=1}^{n} X_i\right) = \sum_{i=1}^{n} V(X_i).$$

Beide Gleichungen zusammengefasst, erhält man für voneinander unabhängige Zufallsgrößen:

$$V\left(\sum_{i=1}^{n} a_i X_i\right) = \sum_{i=1}^{n} a_i^2 V(X_i). \tag{3.18}$$

Zwei Folgerungen aus dem soeben Besprochenen brauchen wir beim statistischen Schätzen und Testen besonders oft. Dazu je ein Beispiel.

Beispiel 3.2 *Wir nehmen von einer Zufallsgröße X mit Erwartungswert μ_X und Varianz σ_X^2 eine Stichprobe von n Werten. Wie groß sind Erwartungswert und Varianz des Stichprobenmittelwerts?*

Die Elemente der Stichprobe sind Zufallsgrößen $X_1, \ldots, X_n$. Da sie alle aus derselben Verteilung stammen, hat jedes den Erwartungswert μ_X und die Varianz σ_X^2. Wir nehmen an, dass kein Stichprobenwert einen anderen beeinflusst, dass also die X_i voneinander unabhängig sind. Der Stichprobenmittelwert $\overline{X}$ ist

$$\overline{X} := \frac{1}{n} \sum_{i=1}^{n} X_i \, ;$$

für seinen Erwartungswert und seine Varianz folgt nach (3.17) und (3.18):

$$E(\overline{X}) = E\left(\frac{1}{n} \sum_{i=1}^{n} X_i\right)$$

$$= \frac{1}{n} \sum_{i=1}^{n} E(X_i)$$

$$= \frac{1}{n} n \, \mu_X$$

$$= \mu_X \,,$$

$$V(\overline{X}) = V\left(\frac{1}{n} \sum_{i=1}^{n} X_i\right)$$

$$= \frac{1}{n^2} \sum_{i=1}^{n} V(X_i)$$

$$= \frac{1}{n^2} n \, \sigma_X^2$$

$$= \frac{\sigma_X^2}{n} \,.$$

Der Erwartungswert des Stichprobenmittelwerts ist also gleich dem Erwartungswert der Einzelwerte. Seine Varianz ist aber kleiner als die Varianz der Einzelwerte, und zwar umso kleiner, je größer die Stichprobe ist; denn große Stichproben werden sowohl über- als auch unterdurchschnittliche Werte enthalten, und deren Abweichungen vom Mittelwert werden einander zum Teil kompensieren. Bezeichnen wir $E(\overline{X})$ mit $\mu_{\overline{X}}$ und $V(\overline{X})$ mit $\sigma_{\overline{X}}^2$, so haben wir erhalten:

$$\mu_{\overline{X}} = \mu_X \, , \tag{3.19a}$$

$$\sigma_{\overline{X}}^2 = \frac{\sigma_X^2}{n} \, . \tag{3.19b}$$

$\square$

Beispiel 3.3 *Man nimmt von einer Zufallsgröße X mit Erwartungswert μ_X und Varianz σ_X^2 eine Stichprobe von n_X Werten und von einer Zufallsgröße Y mit Erwartungswert μ_Y und Varianz σ_Y^2 eine Stichprobe von n_Y Werten. Wie groß sind Erwartungswert und Varianz der Differenz der Stichprobenmittelwerte, wenn X und Y voneinander unabhängig sind?*

Mit sinngemäß gleichen Bezeichnungen wie im vorigen Beispiel ergibt sich nach (3.17) und (3.18):

$$\begin{aligned}
\mu_{\overline{X}-\overline{Y}} &= E(\overline{X} - \overline{Y}) \\
&= E(\overline{X} + (-1) \cdot \overline{Y}) \\
&= E(\overline{X}) + (-1) \cdot E(\overline{Y}) \\
&= \mu_X - \mu_Y \, , \\
\sigma_{\overline{X}-\overline{Y}}^2 &= V(\overline{X} - \overline{Y}) \\
&= V(\overline{X} + (-1) \cdot \overline{Y}) \\
&= V(\overline{X}) + (-1)^2 \cdot V(\overline{Y}) \\
&= \frac{\sigma_X^2}{n_X} + \frac{\sigma_Y^2}{n_Y} \, ,
\end{aligned}$$

zusammengefasst:

$$\mu_{\overline{X}-\overline{Y}} = \mu_X - \mu_Y \, , \tag{3.20a}$$

$$\sigma_{\overline{X}-\overline{Y}}^2 = \frac{\sigma_X^2}{n_X} + \frac{\sigma_Y^2}{n_Y} \, . \tag{3.20b}$$

$\square$

3.4 Spezielle Verteilungen

3.4.1 Normalverteilung

Als erste spezielle Verteilung betrachten wir die *Normalverteilung* oder *Gaußverteilung*.
Entdeckt 1733 von Abraham de Moivre, benannt aber nach Carl Friedrich Gauß, der sie
1809 als Verteilung von Messfehlern unter häufig eintretenden Bedingungen fand (das
ist das *gaußsche Fehlergesetz*). Die Normalverteilung ist stetig. In gewissem Sinn ist sie
die wichtigste Verteilung, denn viele reale Größen sind annähernd normalverteilt und viele
andere Verteilungen streben asymptotisch einer Normalverteilung zu und lassen sich daher
durch diese annähern.

Eine Normalverteilung ist durch ihren Mittelwert μ, der zugleich ihr Median und ihr
Modus ist, und ihre Varianz σ^2 festgelegt. Sie hat die Dichte

$$f(x) = \frac{1}{\sigma \sqrt{2\pi}} \, e^{-\frac{(x-\mu)^2}{2\sigma^2}} . \tag{3.21}$$

Diese Dichte hat keine elementare Stammfunktion, und so sind die Werte der Verteilungsfunktion schwer zu berechnen. Wenn aber X normalverteilt ist mit Mittelwert μ und
Varianz σ^2, dann ist die Differenz zwischen X und dem Verteilungsmittelwert, gemessen
in Standardabweichungen, also

$$Z := \frac{X - \mu}{\sigma} ,$$

ebenfalls normalverteilt, und zwar mit Mittelwert 0 und Varianz 1. Diese Verteilung heißt
Standardnormalverteilung; im Anhang tabelliert ist ihre Verteilungsfunktion Φ („Phi").

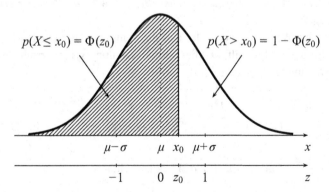

Abb. 3.2 Dichte der Normalverteilung. x-Achse: Werte der normalverteilten Größe X. z-Achse:
Werte der standardnormalverteilten Größe Z. Die Wahrscheinlichkeit $p(X \leq x_0)$ ist durch die
schraffierte, die Wahrscheinlichkeit $p(X > x_0)$ durch die *weiße Fläche* unter dem Graphen ausgedrückt

Sagt man von einer realen Größe wie der Lebenserwartung von Menschen, sie sei nor-malverteilt, so ist das nur eine Näherung; gemäß der Normalverteilung wäre auch eine Lebenserwartung von weniger als 0 möglich, was natürlich Unsinn ist. Viele Verteilun-gen sind aber einer Normalverteilung so ähnlich, dass man ohne großen Fehler von einer Normalverteilung ausgehen kann.

Beispiel 3.4 *Im Jahr 1981 schätzten James Fries und Lawrence Crapo die künftig er-reichbare Lebenserwartung des Menschen auf 85 Jahre mit einer Standardabweichung von 4 bis 5 Jahren [7]. Nehmen wir eine Normalverteilung mit $\mu = 85$ und $\sigma = 4,5$ an.*

a) *Welcher Anteil der Menschen würde höchstens 75 Jahre alt?*
   Wir suchen $p(X \leq 75)$. Der zu $x_0 = 75$ gehörige Wert von Z ist

$$z_0 = \frac{75 - 85}{4,5} = -2,22 \,.$$

   Damit erhalten wir unter Verwendung der Tabelle im Anhang:

$$p(X \leq 75) = \Phi(-2,22) = 0,0132 \,.$$

b) *Welcher Anteil der Menschen würde mindestens 90 Jahre alt?*
   Nun suchen wir $p(X \geq 90)$:

$$p(X \geq 90) = 1 - \Phi\left(\frac{90 - 85}{4,5}\right) = 1 - \Phi(1,11) = 0,1335 \,.$$

c) *In welchem zum Mittelwert symmetrischen Bereich würden 95 % der erreichten Le-bensalter liegen?*
   Wir wollen hier Werte x_1 und x_2 finden, die symmetrisch zu μ liegen und für die $p(x_1 \leq X \leq x_2) = 0,95$ gilt. Da die Normalverteilung symmetrisch ist, gehören zu diesen X-Werten die Z-Werte z_1 und z_2 mit

$$\Phi(z_1) = p(X < x_1) = 0,025 \qquad \longrightarrow \quad z_1 = \Phi^{-1}(0,025) = -1,96 \,,$$
$$\Phi(z_2) = 1 - p(X > x_2) = 1 - 0,025 \quad \longrightarrow \quad z_2 = \Phi^{-1}(1 - 0,025) = 1,96 \,.$$

   Aus $Z = \dfrac{X - \mu}{\sigma}$ folgt $X = \mu + Z\sigma$. Damit erhalten wir:

$$x_1 = 85 - 1,96 \cdot 4,5 = 76,2 \,,$$
$$x_2 = 85 + 1,96 \cdot 4,5 = 93,8 \,.$$

$\square$

3.4.2 Binomialverteilung

Die wohl wichtigste diskrete Verteilung ist die *Binomialverteilung*. Betrachten wir ein Experiment aus n Einzelversuchen, von denen jeder zwei mögliche Ergebnisse hat; eines nennen wir Erfolg, das andere Misserfolg. Die Wahrscheinlichkeit für einen Erfolg soll in jedem Einzelversuch denselben Wert p haben. Die Anzahl der Erfolge sei X. Dann ist die Wahrscheinlichkeit dafür, dass genau x Erfolge eintreten,

$$p(X = x) = \binom{n}{x} p^x (1 - p)^{n-x}. \tag{3.22}$$

Die Verteilung ist mit n und p festgelegt. Mittelwert und Varianz sind:

$$\mu = np, \tag{3.23a}$$

$$\sigma^2 = np(1 - p). \tag{3.23b}$$

Beispiel 3.5 *Nehmen wir an, es geschehe ein Unfall und jede(r) Zehnte in der Bevölkerung wäre imstande, lebensrettende Hilfe zu leisten. Wie groß sind die Wahrscheinlichkeiten dafür, dass sich unter zehn Umstehenden null, ein, ..., zehn potentielle Lebensretter finden?*

Wir bezeichnen die Anzahl der potentiellen Lebensretter mit X und ermitteln die Wahrscheinlichkeiten $p(X = 0)$, $p(X = 1)$ usw.:

$$p(X = 0) = \binom{10}{0} \cdot 0{,}1^0 \cdot 0{,}9^{10} = 0{,}3487,$$

$$p(X = 1) = \binom{10}{1} \cdot 0{,}1^1 \cdot 0{,}9^9 = 0{,}3874,$$

$$\ldots$$

So erhalten wir die Werte der Wahrscheinlichkeitsfunktion $f(x)$ für die möglichen Werte von X. Für alle x, die X nicht annehmen kann, ist $f(x) = 0$.

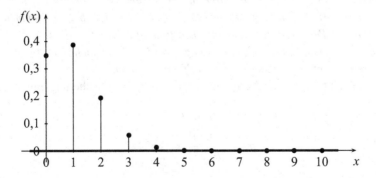

Abb. 3.3 Wahrscheinlichkeitsfunktion der Binomialverteilung mit $n = 10$ und $p = 0{,}1$

Binomialverteilungsprobleme lassen sich oft leichter lösen, wenn man die Binomialverteilung durch eine Normalverteilung annähert und mit dieser rechnet. Die passende
Normalverteilung ist jene, die denselben Mittelwert und dieselbe Varianz hat wie die
anzunähernde Binomialverteilung. Genau gesagt, gilt Folgendes: Die Wahrscheinlichkeit
$p(X = x)$ der Binomialverteilung mit den Parametern n und p ist ungefähr gleich der entsprechenden Wahrscheinlichkeit der Normalverteilung mit $\mu = np$ und $\sigma^2 = np(1 - p)$;
also gleich $f(x)\,\Delta x$, wo $f(x)$ die Dichte der Normalverteilung ist und $\Delta x = 1$. Mit
(3.21) und (3.22) heißt das:

$$\binom{n}{x} p^x (1 - p)^{n-x} \approx \frac{1}{\sqrt{np(1-p)}\,\sqrt{2\pi}}\, e^{-\dfrac{(x - np)^2}{2np(1 - p)}}\,.$$

Die Näherung ist umso genauer, je größer n ist und je näher p bei 0,5 liegt, je größer
also σ ist. Mit $\sigma > 3$ erhält man Ergebnisse, die für die meisten Zwecke genau genug
sind; und sofern p nicht 0 oder 1 beträgt (wovon wir stets ausgehen, da sonst kein Wahr-
scheinlichkeitsproblem vorläge), gibt es immer ein n, das groß genug ist, so dass $\sigma > 3$
wird.

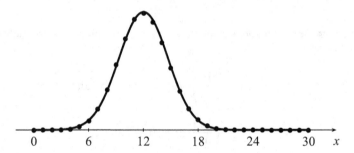

Abb. 3.4 $p(X = x)$ der Binomialverteilung mit $n = 30$ und $p = 0,4$ (*Punkte*) sowie Dichte der
Normalverteilung mit $\mu = 30 \cdot 0,4$ und $\sigma^2 = 30 \cdot 0,4 \cdot (1 - 0,4)$ (*Linie*)

Beispiel 3.6 *Laut Statistik Austria waren im Wintersemester 2009/10 von den 279.371
Studierenden an österreichischen Universitäten 149.291 weiblich* [27]. *Nehmen wir an,
es würde eine 100 Personen starke Studentenvertretung gebildet, in die jede(r) Studierende die gleiche Chance hätte, aufgenommen zu werden. Mit welcher Wahrscheinlichkeit
bestünde diese Vertretung mindestens zur Hälfte aus Frauen?*

Die Anzahl der Frauen in der Vertretung ist (in sehr genauer Näherung) binomialverteilt
mit

$$n = 100,$$

$$p = \frac{149.291}{279.371} = 0{,}5344\,.$$

Die Wahrscheinlichkeit dafür, dass die Vertretung mindestens zur Hälfte aus Frauen besteht, ist

$$p(X \geq 50) = p(X = 50) + p(X = 51) + \ldots + p(X = 100).$$

Um das zu berechnen, müsste man 51 Wahrscheinlichkeitswerte nach (3.22) ermitteln und addieren. Einfacher geht es mit Hilfe der Normalverteilung mit

$$\mu = 100 \cdot 0{,}5344 = 53{,}44,$$
$$\sigma = \sqrt{100 \cdot 0{,}5344 \cdot (1 - 0{,}5344)} = 4{,}988.$$

Da $\sigma > 3$ ist, erwarten wir ein recht genaues Ergebnis. Wir bedenken noch, dass die Normalverteilung für stetige Größen gilt, X aber ganzzahlig ist. Das bedeutet, dass die Grenze zwischen $X \geq 50$ und $X < 50$ nicht bei 50 liegt, sondern eher bei 49,5. So finden wir die Wahrscheinlichkeit:

$$p(X \geq 50) = 1 - \Phi\left(\frac{49{,}5 - 53{,}44}{4{,}988}\right) = 1 - \Phi(-0{,}79) = 0{,}7852.$$

□

Beispiel 3.7 *Wir leiten die Wahrscheinlichkeitsfunktion der Binomialverteilung, gegeben durch (3.22), aus den Regeln der Wahrscheinlichkeitsrechnung nach Abschn. 2.1 ab.*

Wir berechnen also die Wahrscheinlichkeit dafür, dass in n Versuchen mit stets gleicher Erfolgswahrscheinlichkeit p genau x Erfolge eintreten. Zunächst ermitteln wir die Wahrscheinlichkeit dafür, dass *die ersten x Versuche* mit Erfolg enden und *die restlichen $n - x$ Versuche* mit Misserfolg. Da die Wahrscheinlichkeit für den Erfolg im Einzelversuch immer gleich ist, beeinflusst das Ergebnis irgendeines Versuchs nicht die Ergebnisse der anderen. Die Ergebnisse der einzelnen Versuche sind also voneinander unabhängig. Damit multiplizieren sich ihre Wahrscheinlichkeiten nach Regel 7, und die Wahrscheinlichkeit dafür, dass die ersten x Versuche mit Erfolg enden und die restlichen $n - x$ Versuche mit Misserfolg, ist

$$p^x (1 - p)^{n-x}.$$

Dieselbe Wahrscheinlichkeit hat aber auch jede andere Aufteilung von x Erfolgen auf n Versuche. Da verschiedene Aufteilungen einander ausschließen, addieren sich ihre Wahrscheinlichkeiten nach Regel 3 zu

$$p(X = x) = Np^x (1 - p)^{n-x},$$

wobei N die Anzahl der verschiedenen Aufteilungen bezeichnet. Wir müssen nur noch N bestimmen: wie viele Möglichkeiten es gibt dafür, dass von n Versuchen x Versuche mit Erfolg belegt sind. Belegen wir in Gedanken x der n Versuche mit Erfolg: Für den ersten solcherart gewählten Versuch gibt es n Möglichkeiten. Ist er festgelegt, bleiben $n-1$ Möglichkeiten für die zweite Wahl usw., bis schließlich noch $n-x+1$ Möglichkeiten für die letzte Wahl bleiben. Daher gibt es

$$n\,(n-1)\ldots(n-x+1) = \frac{n!}{(n-x)!}$$

mögliche Aufteilungen. Dabei sind zwei Aufteilungen in unserem Sinn als gleich zu werten, wenn die gleichen Versuche in anderer Reihenfolge gewählt werden. Für x Erfolge gibt es $x!$ Reihenfolgen; denn für den erstgereihten gibt es x Möglichkeiten, für den zweitgereihten $x-1$ usw. Daher sind jeweils $x!$ Aufteilungen identisch und die Anzahl der in unserem Sinn *verschiedenen* Aufteilungen ist

$$N = \frac{n!}{x!\,(n-x)!} = \binom{n}{x}.$$

Setzen wir dieses N oben ein, erhalten wir (3.22).   □

Beispiel 3.8 *Wir beweisen Bernoullis Gesetz der großen Zahlen: Bei unbegrenzt zunehmender Versuchsanzahl wird der Unterschied zwischen der Wahrscheinlichkeit eines Ereignisses und der relativen Häufigkeit seines Eintretens mit beliebig großer Wahrscheinlichkeit beliebig klein.*

Tritt ein Ereignis bei n Versuchen X-mal ein, so ist X/n die relative Häufigkeit seines Eintretens. Zu zeigen ist also: Hat ein Ereignis bei jedem Versuch die Wahrscheinlichkeit p, dann gilt für jedes noch so kleine $\varepsilon > 0$ (ε: „epsilon"):

$$\lim_{n\to\infty} p\left(\left|\frac{X}{n} - p\right| < \varepsilon\right) = 1.$$

Zunächst bringen wir die zu untersuchende Wahrscheinlichkeit in eine handliche Form:

$$p\left(\left|\frac{X}{n} - p\right| < \varepsilon\right) = p\left(p - \varepsilon < \frac{X}{n} < p + \varepsilon\right)$$
$$= p(np - n\varepsilon < X < np + n\varepsilon)$$
$$= p(X < np + n\varepsilon) - p(X \le np - n\varepsilon).$$

Unter den eingangs erklärten Voraussetzungen ist X binomialverteilt. Da wir uns für das Verhalten von X bei unbegrenzt zunehmender Versuchsanzahl interessieren, können wir die Binomialverteilung durch eine Normalverteilung mit $\mu = np$ und $\sigma^2 = np(1-p)$ ersetzen und erhalten

$$p\left(\left|\frac{X}{n} - p\right| < \varepsilon\right) = \Phi\left(\frac{np + n\varepsilon - np}{\sqrt{np(1-p)}}\right) - \Phi\left(\frac{np - n\varepsilon - np}{\sqrt{np(1-p)}}\right)$$
$$= \Phi\left(\frac{\varepsilon}{\sqrt{p(1-p)}}\sqrt{n}\right) - \Phi\left(-\frac{\varepsilon}{\sqrt{p(1-p)}}\sqrt{n}\right).$$

Der Ausdruck $\varepsilon/\sqrt{p(1-p)}$ hängt nicht von n ab, ist also eine Konstante c. Mit dieser Bezeichnung führen wir den Grenzübergang für $n \to \infty$ durch:

$$\lim_{n\to\infty} p\left(\left|\frac{X}{n} - p\right| < \varepsilon\right) = \lim_{n\to\infty} \Phi\left(c\sqrt{n}\right) - \lim_{n\to\infty} \Phi\left(-c\sqrt{n}\right)$$
$$= 1 - 0$$
$$= 1.$$

Das ist das gewünschte Ergebnis, und es ist bemerkenswert: Wir sind zu einer beliebig sicheren und beliebig genauen zahlenmäßigen Übereinstimmung von Wahrscheinlichkeit und relativer Häufigkeit gelangt, ohne die Wahrscheinlichkeit nach objektivistischer Art als relative Häufigkeit zu *definieren*. Man kann also die Wahrscheinlichkeit eines Ereignisses interpretieren, wie man will; sofern sie den Regeln des Abschn. 2.1 folgt, ist sie so gut wie sicher (nämlich mit Wahrscheinlichkeit 1) gleich groß wie der Grenzwert der relativen Häufigkeit des Ereignisses für unendlich lange Versuchsfolgen. □

3.4.3 Betaverteilung

Mit der Binomialverteilung verwandt ist die *Betaverteilung*, die wir in der Bayes-Statistik benötigen. Anteile von Merkmalsträgern in einer Gesamtheit sind oft betaverteilt. Die Verteilung ist durch zwei reelle Parameter $a, b > 0$ für alle x außer 0 und 1 festgelegt:

$$f(x) = \begin{cases} \dfrac{1}{B(a,b)} x^{a-1}(1-x)^{b-1} & \text{für } 0 < x < 1, \\ 0 & \text{für } x < 0,\ x > 1. \end{cases} \tag{3.24}$$

Hier ist $B(a,b) := \int_0^1 t^{a-1}(1-t)^{b-1}\,dt$ die Betafunktion. Die für uns wichtigsten Daten der Betaverteilung sind Mittelwert und Varianz, der Median und für $a, b \geq 1$ und $a+b > 2$ der Modus:

$$\mu = \frac{a}{a+b}, \tag{3.25a}$$

$$\sigma^2 = \frac{ab}{(a+b)^2(a+b+1)}, \tag{3.25b}$$

$$\tilde{x} \approx \frac{a-1/3}{a+b-2/3}, \tag{3.25c}$$

$$m = \frac{a-1}{a+b-2}. \tag{3.25d}$$

(Für den Median verwenden wir die Näherung (3.25c), die für $a, b \geq 2$ einen relativen Fehler unter 1 % hat [11].) Für zunehmende a und b geht die Betaverteilung in eine Normalverteilung mit demselben Mittelwert und derselben Varianz über. Manche Betaverteilungsaufgaben lassen sich durch eine solche Näherung leichter lösen, und wir machen dann von dieser Möglichkeit Gebrauch. Nähert man die Betaverteilung durch eine Normalverteilung an, erhält man für die meisten Zwecke brauchbare Ergebnisse, wenn $a, b \geq 20$ sind. Wir werden die Betaverteilung zur Untersuchung von Anteilen verwenden und dabei a und b unter Einbeziehung von Stichprobendaten festlegen. Wenn der Anteil, zu dessen Untersuchung wir die Betaverteilung verwenden, nicht 0 oder 1 ist, gibt es immer hinreichend große Stichproben, so dass $a, b \geq 20$ sind.

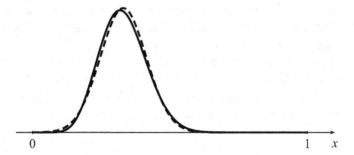

Abb. 3.5 Dichte der Betaverteilung mit $a = 10$, $b = 20$ (*durchgezogen*) und der Normalverteilung mit $\mu = 10/(10 + 20)$, $\sigma^2 = 10 \cdot 20/((10 + 20)^2 \cdot (10 + 20 + 1))$ (*strichliert*)

3.4.4   t-Verteilung

Die *zentrale t-Verteilung* (kurz: *t-Verteilung*) gehört zu jenen Verteilungen, die man vor allem beim statistischen Schätzen und Testen braucht und daher *Testverteilungen* nennt. Häufig verwendete und aus Stichproben normalverteilter Größen berechnete Parameter sind oft t-verteilt. Mit zunehmender Stichprobengröße nähert sich die t-Verteilung einer Standardnormalverteilung. Für die meisten Zwecke kann man ab einer Stichprobengröße von etwa 20 bis 30 ausreichend genau mit der Standardnormalverteilung anstelle der t-Verteilung rechnen, und wir werden das auch stets tun.

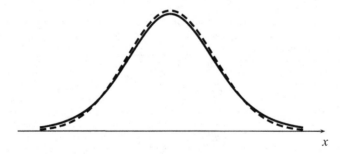

Abb. 3.6 Dichte der t-Verteilung des Mittelwerts einer Stichprobe von 10 Werten (*durchgezogen*) und von 100 Werten (*strichliert*); die t-Verteilung für 100 Werte könnte man im Bild nicht von einer Normalverteilung unterscheiden

3.4.5 Gleichverteilung

Eine stetige Größe heißt *gleichverteilt (uniform)* im Intervall von a bis b, wenn ihre Dichte dort konstant und sonst 0 ist:

$$f(x) = \begin{cases} \dfrac{1}{b-a} & \text{für } a \leq x \leq b, \\ 0 & \text{sonst}. \end{cases} \tag{3.26}$$

Abb. 3.7 Dichte einer im Intervall von a bis b uniformen Verteilung (Gleichverteilung)

3.5 Gesamtheit und Stichprobe

Die schließende Statistik schließt von einer Stichprobe auf die Gesamtheit. Dazu muss klar sein, was man unter der *Gesamtheit* versteht. Lautet die Frage, welcher Anteil der wahlberechtigten Österreicher eine bestimmte Partei wählt, so besteht die Gesamtheit eben aus den wahlberechtigten Österreichern. Stellen wir die Frage für die Gruppe der 20- bis 25-Jährigen, dann bilden die Gesamtheit jene, die im passenden Alter und wahlberechtigt sind. In diesem Buch setzen wir stets voraus, dass die Gesamtheit eindeutig festgelegt ist, auch wenn wir sie oft nur mit einem Schlagwort wie „die Bevölkerung" umreißen. Interessant ist, dass eine Gesamtheit nicht nur reale, sondern auch gedachte Objekte umfassen kann. So sind Semmelweis' Daten (Abschn. 1.3.1) eine Stichprobe aus der Gesamtheit aller (der vergangenen, aber auch der zukünftig möglichen) Entbindungen; Millikans 23 Messungen (Abschn. 1.3.2) sind eine Stichprobe aus der Gesamtheit „unendlich vieler" Messungen, die natürlich nie realisiert wird; und Milgrams Versuchspersonen (Abschn. 1.3.3) repräsentieren vielleicht nicht nur die damalige, sondern auch spätere Erwachsenengenerationen.

Noch interessanter ist, was man von der *Stichprobe* fordert. Grob gesagt, soll sie die Gesamtheit möglichst gut repräsentieren. Was das bedeutet, hängt davon ab, was man untersucht. Will man aus einer Stichprobe von Cholesterinwerten $x_1, \ldots, x_n$ auf den mittleren Cholesterinspiegel in der Bevölkerung schließen, so wäre es günstig, wenn der

Stichprobenmittelwert

$$\overline{x} := \frac{1}{n} \sum_{i=1}^{n} x_i \tag{3.27}$$

gleich dem Mittelwert der Gesamtheit wäre. Für eine Aussage über die Varianz der Gesamtheit sollte die Varianz der Stichprobe,

$$s^2 := \frac{1}{n} \sum_{i=1}^{n} (x_i - \overline{x})^2, \tag{3.28}$$

dieser entsprechen. Und will man auf den Anteil der Pollenallergiker in der Gesamtheit schließen, so sollte deren Anteil in der Stichprobe,

$$p := \frac{x}{n}, \tag{3.29}$$

gleich groß sein wie der Anteil in der Gesamtheit. Dass eine Stichprobe solche Eigenschaften tatsächlich hat, lässt sich aber nicht erzwingen; es lässt sich nicht einmal überprüfen, denn dazu müsste man von der Gesamtheit gerade das schon wissen, was man erst mit Hilfe der Stichprobe erschließen will. Zudem können wir aus Abschn. 3.2 schließen, dass eine *genaue* Übereinstimmung der Stichprobenparameter mit jenen der Gesamtheit die Wahrscheinlichkeit 0 hat.

Man kann also von einer Stichprobe nicht erwarten, dass das in Frage stehende Merkmal in ihr auf bestimmte Weise verteilt ist. Was man fordern kann, ist Folgendes: Auf Basis dessen, was man über Gesamtheit und Stichprobe weiß, sei die Wahrscheinlichkeit dafür, dass ein *der Stichprobe* entnommenes Objekt das Merkmal in einer bestimmten Ausprägung trägt, gleich der Wahrscheinlichkeit dafür, dass ein *der Gesamtheit* entnommenes Objekt das Merkmal in der gleichen Ausprägung trägt.

Betrachten wir zunächst diskrete Merkmale. Für ein zufällig gewähltes Objekt und die Ereignisse $(X = x) := Das\ Objekt\ trägt\ das\ Merkmal\ X\ in\ der\ Ausprägung\ x$ und $S := Das\ Objekt\ ist\ Element\ der\ Stichprobe$ fordern wir also:

$$p(X = x \mid S) = p(X = x).$$

Wie wir in Abschn. 2.2 gesehen haben, ist das gleichbedeutend mit

$$p(S \mid X = x) = p(S).$$

Damit sind wir einen Schritt weiter. Denn während die erste Beziehung eine Forderung an die Verteilung des Merkmals in der Stichprobe stellt, von der man nur hoffen kann, dass sie erfüllt sei, sagt uns die zweite, was man beim Ziehen der Stichprobe zu beachten hat: Die Wahrscheinlichkeit dafür, dass ein Objekt der Gesamtheit in die Stichprobe aufgenommen wird, muss unabhängig davon sein, in welcher Ausprägung es das Merkmal trägt.

Eine analoge Überlegung können wir für stetige Merkmale anstellen. Wir betrachten die Wahrscheinlichkeit dafür, dass bei einem zufällig gewählten Objekt der Wert der stetigen Größe X zwischen zwei Werten x und $x + \Delta x$ liegt, und fordern:

$$p(x \leq X \leq x + \Delta x \mid S) = p(x \leq X \leq x + \Delta x).$$

Dividiert man beide Seiten durch Δx und bildet den Grenzwert für $\Delta x \to 0$, erhält man:

$$f(x \mid S) = f(x).$$

Die Dichte von X soll also in der Stichprobe die gleiche sein wie in der Gesamtheit. Nach Abschn. 2.2 ist die ursprüngliche Forderung gleichbedeutend mit

$$p(S \mid x \leq X \leq x + \Delta x) = p(S),$$

also mit der Vorschrift, dass die Wahrscheinlichkeit für das Aufnehmen eines Objekts in die Stichprobe unabhängig von seinem X-Wert sei.

Insgesamt sehen wir: Ist die Wahrscheinlichkeit dafür, dass ein Objekt in die Stichprobe aufgenommen wird, unabhängig davon, in welcher Ausprägung es das in Frage stehende Merkmal trägt, dann ist die Wahrscheinlichkeitsverteilung des Merkmals in der Stichprobe die gleiche wie in der Gesamtheit. (Das ist eine Aussage über Wahrscheinlichkeiten und nicht über die tatsächliche Verteilung der Merkmalswerte auf die Elemente der Stichprobe.)

Wir haben nun festgestellt, was man zum Ziehen einer repräsentativen Stichprobe beachten muss, und werden im Folgenden, sofern nicht anders vermerkt, stets annehmen, dass unsere Stichproben dem entsprechen. Aufschlussreich ist aber auch, was man *nicht* beachten muss: Es ist *nicht* notwendig, dass jedes Objekt der Gesamtheit mit gleicher Wahrscheinlichkeit in die Stichprobe gelangt. Denn die Stichprobe muss nicht in jeder Hinsicht repräsentativ sein, sondern nur hinsichtlich des interessierenden Merkmals. Zur Untersuchung des Cholesterinspiegels dürfen wir ohne Weiteres die Stichprobe auf Personen beschränken, deren Namen mit A beginnen, solange wir nicht einen Zusammenhang zwischen Namen und Cholesterinspiegel vermuten.

3.6 Gemeinsame Verteilungen mehrerer Zufallsgrößen

Bisher haben wir stets Verteilungen einer einzigen Zufallsgröße betrachtet. Man kann aber auch nach einer gemeinsamen Verteilung von zwei oder mehr Größen $X_1, \ldots, X_n$ fragen, und wir werden die für uns wichtigsten Aspekte dieses Themas kurz besprechen.

3.6.1 Gemeinsame Verteilung diskreter Zufallsgrößen

Wenn die X_i diskret sind, dann kann man die Wahrscheinlichkeit dafür benennen, dass $X_1 = x_1$ ist, $X_2 = x_2$ usw., also

$$p(\mathbf{X} = \mathbf{x})\,,$$

wobei wir zur einfacheren Schreibweise die X_i in einen Vektor $\mathbf{X} := (X_1, \ldots, X_n)$ zusammengefasst haben und die x_i in einen Vektor $\mathbf{x} := (x_1, \ldots, x_n)$. Man erhält so eine gemeinsame Wahrscheinlichkeitsfunktion

$$f(\mathbf{x}) := p(\mathbf{X} = \mathbf{x})\,.$$

Sind die X_i voneinander unabhängig, beeinflusst also der Wert der einen Größe nicht die Verteilung der anderen, dann folgt aus unserer Regel 7 (2.7):

$$p(\mathbf{X} = \mathbf{x}) = \prod_{i=1}^{n} p(X_i = x_i)\,;$$

damit ist die gemeinsame Wahrscheinlichkeitsfunktion das Produkt der einzelnen:

$$f(\mathbf{x}) = \prod_{i=1}^{n} f(x_i)\,. \tag{3.30}$$

(Wir folgen hier der Gewohnheit, den Buchstaben f bei diskreten Verteilungen allgemein für eine Wahrscheinlichkeitsfunktion zu verwenden, bei stetigen Verteilungen allgemein für eine Dichte, und daher mit demselben Buchstaben Wahrscheinlichkeitsfunktionen oder Dichten durchaus *verschiedener* Zufallsgrößen zu bezeichnen, wenn aus dem Zusammenhang klar ist, um welche Größe es sich jeweils handelt. Sofern es nicht gerade, wie zu Beginn des Abschn. 3.3, auf die Verschiedenheit der Funktionen ankommt, werden wir das auch weiterhin so halten.)

3.6.2 Gemeinsame Verteilung stetiger Zufallsgrößen

Sind die X_i stetig, so kann man die Wahrscheinlichkeit dafür benennen, dass X_1 einen Wert zwischen x_1 und $x_1 + \Delta x_1$ annimmt, X_2 einen Wert zwischen x_2 und $x_2 + \Delta x_2$ usw., und diese Wahrscheinlichkeit auf die Größe des n-dimensionalen Intervalls $\Delta x_1 \Delta x_2 \ldots$ beziehen. Lässt man die Δx_i gegen 0 gehen, erhält man (mit der Abkürzung $\forall$: „für alle") die gemeinsame Dichte

$$f(\mathbf{x}) := \lim_{\forall i : \Delta x_i \to 0} \frac{p(\forall i : x_i \leq X_i \leq x_i + \Delta x_i)}{\prod_{i=1}^{n} \Delta x_i}\,.$$

Wiederum ist $\mathbf{x} := (x_1, \ldots, x_n)$. Für voneinander unabhängige X_i gilt nach (2.7):

$$p(\forall i : x_i \le X_i \le x_i + \Delta x_i) = \prod_{i=1}^{n} p(x_i \le X_i \le x_i + \Delta x_i) .$$

Damit ergibt sich die gemeinsame Dichte als Produkt der einzelnen Dichten, denn

$$
\begin{aligned}
\lim_{\forall i : \Delta x_i \to 0} \frac{p(\forall i : x_i \le X_i \le x_i + \Delta x_i)}{\prod_{i=1}^{n} \Delta x_i} &= \lim_{\forall i : \Delta x_i \to 0} \frac{\prod_{i=1}^{n} p(x_i \le X_i \le x_i + \Delta x_i)}{\prod_{i=1}^{n} \Delta x_i} \\
&= \lim_{\forall i : \Delta x_i \to 0} \prod_{i=1}^{n} \frac{p(x_i \le X_i \le x_i + \Delta x_i)}{\Delta x_i} \\
&= \prod_{i=1}^{n} \lim_{\Delta x_i \to 0} \frac{p(x_i \le X_i \le x_i + \Delta x_i)}{\Delta x_i} ,
\end{aligned}
$$

also

$$f(\mathbf{x}) = \prod_{i=1}^{n} f(x_i) . \tag{3.31}$$

3.7 Analyse der Begriffe Zufallsgröße und Verteilung

3.7.1 Was ist eine Zufallsgröße?

Wir haben Zufallsgrößen definiert als Größen, denen man nicht einen bestimmten Wert zuschreiben kann, sondern nur ein Spektrum von möglichen Werten. Dies werden wir nun genauer betrachten.

Aus objektivistischer Sicht ist eine Zufallsgröße eine veränderliche Größe, eine Variable, die bei mehrfacher Durchführung eines Zufallsexperiments verschiedene Werte annehmen kann. Folgerichtig spricht man dann von einer *Zufallsvariablen*. (Auf die mathematische Definition einer Zufallsvariablen als *Funktion* können wir für unsere Zwecke verzichten.) Eine Größe, deren Wert feststeht, ist im objektivistischen Sinn keine Zufallsgröße, selbst wenn man ihren Wert nicht kennt. Denn bei einer festen Größe gibt es keine „möglichen Werte", die Ergebnisse von Zufallsexperimenten sein und Wahrscheinlichkeiten haben könnten.

Subjektivistisch gesehen ist jede Größe, deren Wert man nicht kennt, eine Zufallsgröße, und ihren möglichen (das heißt, auf Basis des Wissens in Frage kommenden) Werten kann man Wahrscheinlichkeiten zuschreiben. Das trifft erstens die Zufallsvariablen des vorigen Absatzes; zweitens aber auch jede Größe, deren Wert feststeht, sofern dieser unbekannt ist: Für jemand, der nicht weiß, ob der Juli 30 oder 31 Tage hat, kommt beides in Frage und die Zufallsgröße, die Anzahl der Julitage, hat zwei mögliche Werte. (Man kann sogar eine Größe mit *bekanntem* Wert als Zufallsgröße auffassen; der bekannte Wert hat dann die Wahrscheinlichkeit 1 und alle anderen Werte haben die Wahrscheinlichkeit 0. So muss man beim Rechnen mit Zufallsgrößen nicht jedes Mal fragen, ob es auch wirklich mehr als einen möglichen Wert gibt. Wir werden von dieser Freiheit aber nur sparsam Gebrauch machen; wo nicht anders vermerkt, verstehen wir unter einer Zufallsgröße weiterhin eine Größe mit mehreren möglichen Werten.)

3.7.2   Was verteilt sich bei einer Verteilung?

Die Verteilung einer Zufallsgröße sagt, wie sich die gesamte Wahrscheinlichkeit 1 auf die möglichen Werte der Größe verteilt.

Die Verteilung einer Zufalls*variablen*, also einer objektivistisch interpretierten Zufallsgröße, gibt die Wahrscheinlichkeiten an, mit denen die Variable diese und jene Werte annehmen wird; das sind die relativen Häufigkeiten, die man bei wiederholter Durchführung des Experiments erwartet, genauer gesagt: die Grenzwerte der relativen Häufigkeiten für unendlich viele Durchführungen. In Beispiel 3.1 haben wir die Wahrscheinlichkeitsfunktion der Kinderanzahl einer zufällig gewählten österreichischen Familie dargestellt. Der Wert $f(0) = 0{,}393$ bedeutet: Wählt man aus der Gesamtheit aller österreichischen Familien eine Familie so, dass jede mit gleicher Wahrscheinlichkeit gewählt wird, und führt man dieses Auswählen wieder und wieder durch, so wird man schließlich in 39,3 % aller Fälle eine kinderlose Familie gewählt haben. Der Wert $f(1) = 0{,}304$ bedeutet, dass man in 30,4 % aller Fälle eine Familie mit genau einem Kind gewählt haben wird, der Wert $f(2) = 0{,}224$ besagt Analoges für Familien mit zwei Kindern usw. Die Verteilung der gesamten Wahrscheinlichkeit 1 auf die möglichen Werte der Zufallsvariablen, also der Kinderanzahl der gewählten Familie, hat hier eine einfache Interpretation: Sie gibt die relativen Häufigkeiten der möglichen Werte bei sehr vielen Durchführungen des Zufallsexperiments an und sagt damit aus, wie sich dessen Ergebnisse auf die möglichen Werte der Zufallsvariablen verteilen.

Anders ist das bei einer Zufallsgröße, deren Wert feststeht und lediglich unbekannt ist. Hier gibt es kein Zufallsexperiment – der Juli hat 31 Tage, und zwar immer. Was sich hier verteilt, ist der Glaube an die einzelnen Werte. Nach Jaynes ist das die Wahrscheinlichkeit, die sich aus der verfügbaren Information, unabhängig von der schließenden Person, ergibt [10]. Dass hier der Glaube ins Spiel kommt, hat den Subjektivismus in ein schlechtes Licht gerückt, weil „glauben" häufig abwertend für „nicht wissen" steht. Hält man sich aber an die Bedeutung des Wortes und lässt die Wertung beiseite, so sieht man, dass die Verteilung leistet, was man von ihr erhofft: Sie drückt das Wissen über den wahren Wert der Größe durch Wahrscheinlichkeiten für die möglichen Werte aus. Die Ereignisse $X = 30$ (*Der Juli hat 30 Tage*) und $X = 31$ (*Der Juli hat 31 Tage*) haben Wahrscheinlichkeiten, die vom Wissen abhängen. Für jemand, der Bescheid weiß, gilt $p(X = 30) = 0$ und $p(X = 31) = 1$; völlige Unsicherheit bedeutet $p(X = 30) = p(X = 31) = 0{,}5$.

In den Kapiteln über bayessches Schätzen werden wir sehen, wie Beobachtungen diese Verteilung des Glaubens beeinflussen.

3.7.3 Stetigkeit ist eine Näherung

Wir haben zwischen diskreten und stetigen Zufallsgrößen unterschieden und von den stetigen gesagt, sie könnten beliebige Zwischenwerte annehmen. Dem Physiker Erwin Schrödinger zufolge können wir aber gar nicht wissen, ob es überhaupt stetige Größen gibt; denn für *jede* Messung existieren nur endlich viele und daher auch nur diskrete mögliche Ergebnisse, und unsere „stetigen" Größen sind Idealisierungen [24]. Wenn wir von einer stetigen Größe sprechen, meinen wir daher nicht, dass sie stetig *ist*, sondern dass wir sie näherungsweise als stetig *betrachten*. Dabei gehen wir vor wie der Physiker, für den Ort, Impuls, Temperatur usw. stetig sind und dessen Resultate auch dann stimmen, wenn die Größen in Wirklichkeit diskret sind, weil die Anzahl der diskreten Werte so groß ist und der Unterschied zwischen je zwei benachbarten so klein, dass der Fehler jenseits aller Messgenauigkeit liegt. Eine Folgerung aus der Stetigkeit einer Zufallsgröße in Abschn. 3.2 war, dass sie jeden ihrer möglichen Werte nur mit Wahrscheinlichkeit 0 annimmt. Wenn aber eine Größe nur endlich viele mögliche Werte hat, stimmt das nicht exakt – die Wahrscheinlichkeit für jeden möglichen Wert ist ein wenig größer als 0; doch auch diese Ungenauigkeit ist praktisch belanglos.

Von allen Stetigkeitsnäherungen, die wir machen werden, ist die kritischste jene, wo wir einen Anteil als stetige Größe betrachten. Der Anteil der Merkmalsträger in einer Gesamtheit von N Objekten hat $N + 1$ mögliche Werte (denn es kann 0 bis N Merkmalsträger geben) und ist daher diskret. Welcher Fehler durch die Annahme entsteht, er wäre stetig, hängt von der Größe der Gesamtheit ab; Anteile an großen Gesamtheiten (und wir betrachten nur solche) kann man für die meisten Zwecke ohne merklichen Fehler als stetig ansehen.

3.7.4 Die Normalverteilungsnäherung

Eine andere Näherung, die wir verwendet haben und noch oft verwenden werden, besteht darin, an die Stelle der tatsächlichen Verteilung eine Normalverteilung zu setzen. Wann immer man eine reale Größe als normalverteilt annimmt, ist das eine Näherung, denn eine reale Größe kann nicht normalverteilt sein; sonst wäre jeder Wert zwischen $-\infty$ und $+\infty$ ein möglicher. Viele Verteilungen sind aber einer Normalverteilung so ähnlich, dass man ohne großen Fehler von einer Normalverteilung ausgehen kann. So stimmen zwar alle Ergebnisse, die auf der Annahme einer Normalverteilung beruhen, nur ungefähr, aber oft gut genug; wie auch die Ergebnisse eines Physikers oft gut genug stimmen, obwohl er an die Stelle der wirklichen Beziehungen idealisierte setzt.

Die Normalverteilungsnäherung ist bequem: Jedes Normalverteilungsproblem kann mit Hilfe der Standardnormalverteilung gelöst werden, und diese ist von keinem Parameter abhängig und somit in einer kompakten Tabelle erfassbar (s. Anhang). Dagegen hängen Binomial-, Beta- und t-Verteilung von Parametern ab und erfordern dementsprechend umfangreiche Tabellen oder ein geeignetes Computerprogramm. In den Abschnitten über die Binomial-, die Beta- und die t-Verteilung haben wir besprochen, unter welchen Umständen man von einer Normalverteilungsnäherung brauchbare Ergebnisse erwarten kann. Gefordert ist dabei im Wesentlichen, dass die Stichprobe groß genug sei. Doch die angegebenen Richtlinien gelten nur dann, wenn man die Verteilung in der Nähe ihres Mittelwerts untersucht; Wahrscheinlichkeiten betreffend Bereiche, die mehrere Standardabweichungen vom Mittelwert entfernt liegen, können hingegen beträchtlich falsch herauskommen. In der Praxis ist diese Einschränkung kaum von Belang, denn solche Wahrscheinlichkeiten sind zumeist entweder so klein, dass man sie als 0, oder so groß, dass man sie als 1 ansehen kann.

Wir werden im Folgenden oft die tatsächliche Verteilung durch eine Normalverteilung annähern und an einigen Beispielen untersuchen, welcher Fehler dabei entsteht.

3.7.5 Wahrscheinlichkeit und Anteil

Bisher haben wir Verteilungen aus dem Blickwinkel der Wahrscheinlichkeit betrachtet, nämlich als Beschreibung dafür, wie sich die gesamte Wahrscheinlichkeit 1 auf die möglichen Werte der Zufallsgröße verteilt. Verteilungen können aber auch Anteile in bereits realisierten Daten beschreiben. In Beispiel 3.1 haben wir die Verteilung der Kinderanzahl einer zufällig gewählten österreichischen Familie dargestellt und als Wahrscheinlichkeitsfunktion interpretiert. Der Wert $f(0) = 0{,}393$ bedeutet dann: Wählt man aus der Gesamtheit aller österreichischen Familien eine Familie so, dass jede mit gleicher Wahrscheinlichkeit gewählt wird, dann beträgt die Wahrscheinlichkeit für die Wahl eine kinderlosen Familie 0,393. Zugleich aber gibt die Zahl 0,393 den Anteil der kinderlosen Familien an. Auch die Wahrscheinlichkeiten für die Wahl einer Familie mit 1, 2, 3 oder 4 Kindern sind gleich groß wie die Anteile der Familien mit 1, 2, 3 und 4 Kindern. Die Zahlen bestimmen daher einerseits eine Wahrscheinlichkeitsverteilung und andererseits eine Verteilung von Anteilen. Begründen kann man das mit der Regel von Laplace (2.8); ihr zufolge ist die Wahrscheinlichkeit dafür, dass eine zufällig gewählte Familie eine bestimmte Anzahl von Kindern hat, gleich groß wie der Anteil der Familien, die diese Anzahl von Kindern haben, wenn jede Familie mit gleicher Wahrscheinlichkeit gewählt wird (auf solche Gleichheit von Wahrscheinlichkeit und Anteil haben wir schon in Beispiel 2.2 hingewiesen). Sprechen wir im Folgenden von der Verteilung einer Größe, dann kann das, je nach Zusammenhang, eine Aussage über Wahrscheinlichkeiten oder eine über Anteile oder beides sein.

Klassisches Schätzen

4

Zusammenfassung

Statistische Größen gibt es endlos viele, und in Lehrbüchern findet man Methoden zum Schätzen von beinahe jeder. Da in diesem Buch nicht die Vielfalt der Verfahren, sondern die allen Verfahren gemeinsame Logik im Vordergrund steht, beschränken wir uns auf einige Größen, die man besonders häufig braucht und deren Schätzungen typisch sind: Erwartungswert und Anteil sowie Differenzen von Erwartungswerten und von Anteilen. Als Hilfsmittel dazu schätzen wir auch Varianz und Standardabweichung.

Eine Größe kann man auf zweierlei Art schätzen: Entweder man gibt einen *Wert* an, von dem man annimmt, dass er dem wahren Wert nahe kommt – dann spricht man von einer *Punktschätzung*; oder man gibt einen *Bereich* an, in dem der wahre Wert vermutlich liegt – dann handelt es sich um eine *Intervallschätzung*.

4.1 Klassische Punktschätzung

Bei der Punktschätzung suchen wir einen Wert, der dem wahren Wert möglichst nahe kommt. Wir besprechen nun drei Methoden, auf Basis einer Stichprobe einen solchen Wert zu finden: die *Stichprobenparametermethode*, die *Kleinste-Quadrate-Methode* und die *Maximum-Likelihood-Methode*. Alle drei verwenden keinerlei Vorwissen über den wahren Wert, sondern orientieren sich nur an den Daten.

4.1.1 Stichprobenparametermethode

Das ist der einfachste Weg: Um einen Parameter der Gesamtheit zu schätzen, berechnet man den entsprechenden Parameter der Stichprobe und nimmt diesen als Schätzung. Die Schätzung für den Erwartungswert der Gesamtheit ist der Mittelwert der Stichprobe, die

W. Tschirk, *Statistik: Klassisch oder Bayes*, Springer-Lehrbuch,
DOI 10.1007/978-3-642-54385-2_4, © Springer-Verlag Berlin Heidelberg 2014

Schätzung für die Varianz der Gesamtheit ist die Varianz der Stichprobe usw. In vielen Fällen erhält man dieselben Resultate, die man auch mit anspruchsvolleren Verfahren gewinnt.

4.1.2 Kleinste-Quadrate-Methode

Die Kleinste-Quadrate-Methode verlangt, dass die Stichprobendaten so wenig wie möglich von jenen Werten abweichen, die man aus der Schätzung erhält, und zwar in dem Sinn, dass die Summe der Abweichungsquadrate minimal wird. Wir schätzen nun nach diesem Kriterium den Erwartungswert μ einer Zufallsgröße X, die beliebig verteilt sein kann. Dazu nehmen wir eine Stichprobe von n Werten $x_1, \ldots, x_n$. Der Schätzwert $\hat{\mu}$ von μ soll so beschaffen sein, dass die Funktion

$$e(\hat{\mu}) := \sum_{i=1}^{n}(x_i - \hat{\mu})^2$$

ein Minimum annimmt. Dazu muss $de/d\hat{\mu} = 0$ sein:

$$\frac{de}{d\hat{\mu}} = -2\sum_{i=1}^{n}(x_i - \hat{\mu}) = 0 \, ,$$

und dafür gibt es eine einzige Lösung:

$$\hat{\mu} = \frac{1}{n}\sum_{i=1}^{n}x_i \, .$$

Da $d^2e/d\hat{\mu}^2 = 2n > 0$ ist, beschreibt diese Lösung ein Minimum von $e(\hat{\mu})$. Die Summe der Abweichungsquadrate ist also minimal, wenn $\hat{\mu}$ gleich dem Stichprobenmittelwert ist, und somit ist der Mittelwert der Stichprobe die Kleinste-Quadrate-Punktschätzung für den Erwartungswert von X in der Gesamtheit. Betrachtet man den Stichprobenmittelwert als Funktion der Stichprobenwerte, so sagt man, er sei eine *Schätzfunktion* für μ.

4.1.3 Maximum-Likelihood-Methode

Die Maximum-Likelihood-Punktschätzung für einen Parameter ist jener Wert des Parameters, bei dem die Beobachtung, die man an der Stichprobe gemacht hat, a priori so wahrscheinlich wie möglich wird. Wir schätzen nun nach dieser Methode den Anteil π („pi") von Merkmalsträgern in einer Gesamtheit. Dazu nehmen wir eine Stichprobe der Größe n und zählen die Merkmalsträger. Die Stichprobe nehmen wir so, dass die Anzahl X der Merkmalsträger in ihr binomialverteilt ist mit $p = \pi$. Wir finden x Merkmalsträger; die a-priori-Wahrscheinlichkeit für dieses Ergebnis ist nach (3.22)

$$p(X = x) = \binom{n}{x}\pi^x(1-\pi)^{n-x} \, .$$

Der Schätzwert $\hat{\pi}$ von π soll nun so beschaffen sein, dass die Funktion

$$L(\hat{\pi}) := p(X = x \mid \pi = \hat{\pi}) = \binom{n}{x} \hat{\pi}^x (1 - \hat{\pi})^{n-x} \, ,$$

die *Likelihood* von $\hat{\pi}$, ein Maximum annimmt. Für $x = 0$ ist $L(\hat{\pi}) = (1 - \hat{\pi})^n$, also mit $\hat{\pi} = 0$ maximal. Für $x = n$ ist $L(\hat{\pi}) = \hat{\pi}^n$ und wird mit $\hat{\pi} = 1$ maximal. Für $0 < x < n$ vereinfachen wir die Berechnung von $\hat{\pi}$, indem wir anstelle der Likelihood deren Logarithmus maximieren (das führt gleichermaßen zum Ziel; denn wo der Logarithmus einer Funktion ein Maximum annimmt, dort nimmt auch die Funktion selbst ein Maximum an, und umgekehrt):

$$\ln L(\hat{\pi}) = \ln \binom{n}{x} + x \ln \hat{\pi} + (n - x) \ln(1 - \hat{\pi})$$

soll maximal werden. Dazu muss $d \ln L / d\hat{\pi} = 0$ sein:

$$\frac{d \ln L}{d\hat{\pi}} = \frac{x}{\hat{\pi}} - \frac{n - x}{1 - \hat{\pi}} = 0 \, .$$

Die einzige Lösung dieser Gleichung lautet:

$$\hat{\pi} = \frac{x}{n} \, .$$

Für diese Lösung ist $d^2 \ln L / d\hat{\pi}^2 < 0$, und daher beschreibt sie ein Maximum von $L(\hat{\pi})$. Das Finden von x Merkmalsträgern in einer Stichprobe der Größe n ist also am wahrscheinlichsten, wenn der Anteil π der Merkmalsträger in der Gesamtheit gleich dem Anteil x/n der Merkmalsträger in der Stichprobe ist. Somit ist der Anteil in der Stichprobe die Maximum-Likelihood-Schätzfunktion für den Anteil in der Gesamtheit.

4.1.4 Was ist eine „gute" Schätzfunktion?

Stichprobendaten sind Zufallsgrößen, und daher sind Punktschätzungen, als Funktionen von Stichprobendaten, selbst wieder Zufallsgrößen. Sie haben mehrere mögliche Werte, und welchen Wert man finden wird, hängt von der Stichprobe ab. Dennoch erwartet man von einem Schätzwert, dass er in gewissem Sinn „stimmt"; das lässt sich ausdrücken in Form von drei Eigenschaften, die eine Schätzfunktion haben soll (Ronald Aylmer Fisher 1925): *Erwartungstreue*, *Konsistenz* und *Effizienz*.

Eine Schätzfunktion heißt *erwartungstreu*, wenn für jeden Stichprobenumfang der Erwartungswert der Schätzung gleich dem wahren Wert der geschätzten Größe ist. *Asymptotisch erwartungstreu* heißt sie, wenn dies zumindest im Grenzwert für unendlich große

Stichproben zutrifft. Die Differenz zwischen dem Erwartungswert der Schätzung und dem wahren Wert bezeichnet man als *Verzerrung* oder *Bias*.

Konsistent heißt eine Schätzfunktion, wenn die Wahrscheinlichkeit dafür, dass der Schätzwert sich vom wahren Wert beliebig wenig unterscheidet, mit zunehmender Stichprobengröße gegen 1 geht.

Von zwei Schätzfunktionen für dieselbe Größe nennt man jene *effizienter*, deren *mittlerer quadratischer Fehler* geringer ist. (Der mittlere quadratische Fehler ist der Erwartungswert der quadrierten Differenz zwischen der Schätzung und dem wahren Wert.) *Absolut effizient* heißt eine Schätzfunktion, wenn ihr mittlerer quadratischer Fehler den kleinstmöglichen Wert hat, *asymptotisch absolut effizient*, wenn dies zumindest im Grenzwert für unendlich große Stichproben zutrifft.

Kleinste-Quadrate-Schätzfunktionen sind stets erwartungstreu und konsistent. Maximum-Likelihood-Schätzfunktionen sind zumindest asymptotisch erwartungstreu, konsistent und zumindest asymptotisch absolut effizient. Neben den besprochenen Methoden gibt noch andere, und die meisten statistischen Parameter kann man nach mehr als einer Methode schätzen. Für die uns interessierenden Parameter geben wir nun die jeweils meistverwendete Punktschätzung an.

4.1.5 Punktschätzung für den Erwartungswert

Gesucht ist eine Schätzung des Erwartungswerts μ einer Zufallsgröße, von der man eine Stichprobe von n Werten $x_1, \ldots, x_n$ kennt:

$$\hat{\mu} = \frac{1}{n} \sum_{i=1}^{n} x_i \, . \tag{4.1}$$

Diese Schätzung erhält man mit der Stichprobenparametermethode, denn $\hat{\mu}$ ist gerade der Stichprobenmittelwert $\overline{x}$ nach (3.27); ebenso ergibt sie sich, wie wir in Abschn. 4.1.2 gesehen haben, mit der Kleinste-Quadrate-Methode. Sie ist erwartungstreu, konsistent und absolut effizient.

4.1.6 Punktschätzung für Varianz und Standardabweichung

Gesucht ist eine Schätzung der Varianz σ^2 einer Zufallsgröße, von der man eine Stichprobe $x_1, \ldots, x_n$ kennt:

$$\hat{\sigma}^2 = \frac{1}{n-1} \sum_{i=1}^{n} (x_i - \hat{\mu})^2 \tag{4.2}$$

mit $\hat{\mu}$ nach (4.1). Diese Schätzung erhält man, indem man die Stichprobenvarianz (3.28) mit $n/(n-1)$ multipliziert. Sie ist erwartungstreu und konsistent.

Die Schätzung für die Standardabweichung,

$$\hat{\sigma} = \sqrt{\hat{\sigma}^2}, \tag{4.3}$$

ist asymptotisch erwartungstreu und konsistent.

4.1.7 Punktschätzung für den Anteil

Gesucht ist eine Schätzung des Anteils π von Merkmalsträgern in einer Gesamtheit, wenn man in einer Stichprobe von n Elementen x Merkmalsträger findet:

$$\hat{\pi} = \frac{x}{n}. \tag{4.4}$$

Diese Schätzung erhält man mit der Stichprobenparametermethode, da $\hat{\pi}$ gerade der Anteil der Merkmalsträger in der Stichprobe ist; ebenso ergibt sie sich nach Abschn. 4.1.3 mit der Maximum-Likelihood-Methode. Sie ist erwartungstreu, konsistent und absolut effizient.

4.1.8 Punktschätzung für die Differenz zweier Erwartungswerte

Gesucht ist eine Schätzung der Differenz $\delta := \mu_X - \mu_Y$ (δ: „delta") der Erwartungswerte zweier Zufallsgrößen X und Y. Sie ergibt sich als Differenz der Punktschätzungen für die einzelnen Erwartungswerte:

$$\hat{\delta} = \hat{\mu}_X - \hat{\mu}_Y \tag{4.5}$$

mit $\hat{\mu}_X$ und $\hat{\mu}_Y$ nach (4.1).

4.1.9 Punktschätzung für die Differenz zweier Anteile

Gesucht ist eine Schätzung der Differenz $\delta := \pi_X - \pi_Y$ zweier Anteile. Sie ergibt sich als Differenz der Punktschätzungen für die einzelnen Anteile:

$$\hat{\delta} = \hat{\pi}_X - \hat{\pi}_Y \tag{4.6}$$

mit $\hat{\pi}_X$ und $\hat{\pi}_Y$ nach (4.4).

4.1.10 Beispiele zur klassischen Punktschätzung

Beispiel 4.1 *Wir schätzen aus Semmelweis' Daten in Abschn. 1.3.1: a) die Anteile der tödlich verlaufenden Entbindungen ohne und mit Chlorwaschung, b) die Differenz dieser Anteile.*

a) Die Entbindungen ohne Chlorwaschung indizieren wir mit X und die mit Chlorwaschung mit Y. Wir schätzen die Anteile nach (4.4):

$$\hat{\pi}_X = \frac{1989}{20.042} = 0{,}0992\,,$$

$$\hat{\pi}_Y = \frac{1883}{56.104} = 0{,}0336\,.$$

b) Die Schätzung der Anteilsdifferenz ergibt sich nach (4.6):

$$\hat{\delta} = 0{,}0992 - 0{,}0336 = 0{,}0656\,.$$

□

Beispiel 4.2 *Wir schätzen aus Millikans Daten in Abschn. 1.3.2 den Erwartungswert, die Varianz und die Standardabweichung der Elementarladungsmessung unter den Bedingungen des damaligen Experiments.*

Wir geben im Folgenden alle Ladungswerte in Coulomb an und schreiben diese Einheit nicht dazu.

Den Erwartungswert schätzen wir nach (4.1) als Mittelwert der Stichprobe. Dieser beträgt $1{,}5924 \cdot 10^{-19}$, und daher ist

$$\hat{\mu} = 1{,}5924 \cdot 10^{-19}\,.$$

Die Varianz schätzen wir nach (4.2). Dazu verwenden wir die Varianz s^2 der Stichprobe nach (3.28). Nach (4.2) gilt:

$$\hat{\sigma}^2 = \frac{1}{n-1} \sum_{i=1}^{n}(x_i - \hat{\mu})^2\,;$$

gemäß (4.1) und (3.27) ist $\hat{\mu} = \overline{x}$, und dies führt mit (3.28) auf:

$$\hat{\sigma}^2 = \frac{1}{n-1} \sum_{i=1}^{n}(x_i - \overline{x})^2$$

$$= \frac{ns^2}{n-1}\,.$$

Mit $s = 0{,}0031 \cdot 10^{-19}$ und $n = 23$ ergibt sich die Schätzung der Varianz,

$$\hat{\sigma}^2 = \frac{23 \cdot (0{,}0031 \cdot 10^{-19})^2}{23 - 1} = 1{,}00 \cdot 10^{-43}\,,$$

und daraus folgt die Schätzung der Standardabweichung nach (4.3):

$$\hat{\sigma} = \sqrt{1{,}00 \cdot 10^{-43}} = 0{,}0032 \cdot 10^{-19}\,.$$

□

Beispiel 4.3 *Wir schätzen aus Milgrams Daten in Abschn. 1.3.3 den Anteil der Gehorsamen.*

Von den 80 Versuchspersonen waren 52 gehorsam. Daraus folgt nach (4.4):

$$\hat{\pi} = \frac{52}{80} = 0{,}65\,.$$

$\square$

4.2 Klassische Intervallschätzung

Eine Punktschätzung sagt nicht, wie nahe der Schätzwert dem wahren Wert kommt. Sichere Aussagen darüber lassen sich auch gar nicht treffen. Man kann aber Bereiche angeben, die den wahren Wert mit einer gewissen Wahrscheinlichkeit enthalten. Diese Wahrscheinlichkeit γ („gamma") nennt man *Konfidenzniveau*; ein zugehöriger Bereich heißt γ-*Konfidenzintervall*, seine Grenzen sind die *Konfidenzgrenzen*.

Konfidenzintervalle können unten begrenzt, oben begrenzt oder beidseitig begrenzt sein. Ein *(nur) unten* begrenztes γ-Konfidenzintervall für einen Parameter θ („theta") ist begrenzt durch einen Wert θ_-, der mit Wahrscheinlichkeit γ *unter* dem wahren Wert liegt, ein *(nur) oben* begrenztes γ-Konfidenzintervall durch einen Wert θ_+, der mit Wahrscheinlichkeit γ *über* dem wahren Wert liegt. Ein *beidseitig* begrenztes γ-Konfidenzintervall ist begrenzt durch *zwei Werte* θ_1 und θ_2, die mit Wahrscheinlichkeit γ den wahren Wert *einschließen*.

Einseitig begrenzte Intervalle sind eindeutig bestimmt. Beidseitig begrenzte Intervalle, die den wahren Wert mit vorgegebener Wahrscheinlichkeit enthalten, gibt es unendlich viele. Oft sucht man von diesen das kleinste, also jenes, das den wahren Wert, sofern es ihn enthält, am engsten umgrenzt; in vielen Fällen liegt es symmetrisch zur Punktschätzung.

Die Konfidenzgrenzen hängen nicht nur von der Stichprobe ab, sondern auch von der Verteilung der Gesamtheit. Während diese bei der Punktschätzung selten eine Rolle spielt, stimmen viele Konfidenzintervalle nur für Parameter normalverteilter Größen. Reale Verteilungen sind aber bestenfalls annähernd normal, und dann erhält man die Grenzen nur näherungsweise.

4.2.1 Wie bestimmt man ein Konfidenzintervall?

Wir überlegen uns nun, wie man aus einer Stichprobe ein beidseitig begrenztes 95 %-Konfidenzintervall für den Erwartungswert einer normalverteilten Größe bestimmt.

Der Cholesterinspiegel sei in der Bevölkerung normalverteilt mit Mittelwert μ und Varianz σ^2. Gesucht ist ein Konfidenzintervall für μ. Bestimmen wir von einer Stichprobe aus n Werten den Mittelwert, dann ist dieser Stichprobenmittelwert $\overline{X}$, also der mittlere

Cholesterinspiegel der Probanden, ebenfalls normalverteilt. Für seinen Erwartungswert und seine Varianz gilt nach (3.19a) und (3.19b):

$$\mu_{\overline{X}} = \mu\,,$$

$$\sigma_{\overline{X}}^2 = \frac{\sigma^2}{n}\,.$$

Normalverteilte Größen fallen mit einer Wahrscheinlichkeit von 0,95 in den Bereich $\mu \pm 1{,}96\,\sigma$, denn $\Phi(1{,}96) - \Phi(-1{,}96) = 0{,}95$. Daher wird $\overline{X}$ mit Wahrscheinlichkeit 0,95 in den Bereich $\mu \pm 1{,}96\,\sigma_{\overline{X}}$ fallen, wobei μ der Erwartungswert der Gesamtheit, also der wahre Wert des zu schätzenden Parameters ist. Wir legen nun das Konfidenzintervall symmetrisch um den beobachteten Stichprobenmittelwert $\overline{x}$ und wählen es gerade so groß, dass es μ enthält, wenn $\overline{x}$ im Bereich $\mu \pm 1{,}96\,\sigma_{\overline{X}}$ liegt, und andernfalls μ nicht enthält (Abb. 4.1).

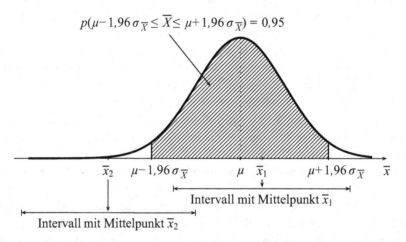

Abb. 4.1 Verteilung des Stichprobenmittelwerts $\overline{X}$. Beispielhaft zwei beobachtete Stichprobenmittelwerte $\overline{x}_1$ und $\overline{x}_2$. Fällt der beobachtete Stichprobenmittelwert in den *schraffierten Bereich* $\mu \pm 1{,}96\,\sigma_{\overline{X}}$, dann enthält das Konfidenzintervall den wahren Wert von μ (Intervall mit Mittelpunkt $\overline{x}_1$), andernfalls nicht (Intervall mit Mittelpunkt $\overline{x}_2$)

Ein so gewähltes Konfidenzintervall enthält mit Wahrscheinlichkeit $\gamma = 0{,}95$ den wahren Wert. Bezeichnen wir den Abstand der Konfidenzgrenzen vom Stichprobenmittelwert mit d, dann soll also gelten:

$$\mu - 1{,}96\,\sigma_{\overline{X}} \le \overline{x} \le \mu + 1{,}96\,\sigma_{\overline{X}} \quad\longleftrightarrow\quad \overline{x} - d \le \mu \le \overline{x} + d\,.$$

Aus dieser Bedingung folgt:

$$d = 1{,}96\,\sigma_{\overline{X}}$$

und damit ist das Konfidenzintervall $[\mu_1, \mu_2]$ festgelegt:

$$\mu_1 = \overline{x} - 1{,}96\,\sigma_{\overline{X}},$$
$$\mu_2 = \overline{x} + 1{,}96\,\sigma_{\overline{X}}.$$

Da $\overline{x} = \hat{\mu}$ ist, $\sigma_{\overline{X}} = \sigma/\sqrt{n}$ und $1{,}96 = \Phi^{-1}((1 + \gamma)/2)$, gilt allgemein:

$$\mu_1 = \hat{\mu} - \Phi^{-1}\left(\frac{1 + \gamma}{2}\right)\frac{\sigma}{\sqrt{n}},$$
$$\mu_2 = \hat{\mu} + \Phi^{-1}\left(\frac{1 + \gamma}{2}\right)\frac{\sigma}{\sqrt{n}}.$$

Wenden wir die Überlegung dieses Abschnitts auf die uns interessierenden Parameter an, erhalten wir die folgenden Konfidenzintervalle.

4.2.2 Intervalle für den Erwartungswert

Gesucht sind das unten begrenzte, das oben begrenzte und das kleinste beidseitig begrenzte γ-Konfidenzintervall für den Erwartungswert μ einer normalverteilten Zufallsgröße X, von der man eine Stichprobe $x_1, \ldots, x_n$ kennt. Mit der Varianz σ^2 von X ist $(\overline{X} - \mu)/(\sigma/\sqrt{n})$ standardnormalverteilt. Ist die Varianz unbekannt, dann schätzt man sie aus der Stichprobe, und mit der Schätzung $\hat{\sigma}^2$ ist $(\overline{X} - \mu)/(\hat{\sigma}/\sqrt{n})$ t-verteilt, also für genügend große Stichproben annähernd standardnormalverteilt. Daraus folgen die Konfidenzgrenzen.

4.2.2.1 Varianz von X bekannt

unten begrenztes Intervall:	$\mu_- = \hat{\mu} - \Phi^{-1}(\gamma)\dfrac{\sigma}{\sqrt{n}},$	(4.7a)
oben begrenztes Intervall:	$\mu_+ = \hat{\mu} + \Phi^{-1}(\gamma)\dfrac{\sigma}{\sqrt{n}},$	(4.7b)
beidseitig begrenztes Intervall:	$\mu_1 = \hat{\mu} - \Phi^{-1}\left(\dfrac{1 + \gamma}{2}\right)\dfrac{\sigma}{\sqrt{n}},$	(4.7c)
	$\mu_2 = \hat{\mu} + \Phi^{-1}\left(\dfrac{1 + \gamma}{2}\right)\dfrac{\sigma}{\sqrt{n}}.$	(4.7d)

Dabei ist $\hat{\mu}$ die Punktschätzung für μ nach (4.1).

4.2.2.2 Varianz von X unbekannt

unten begrenztes Intervall: $\qquad \mu_- = \hat{\mu} - \Phi^{-1}(\gamma)\,\dfrac{\hat{\sigma}}{\sqrt{n}}$, $\qquad\qquad$ (4.8a)

oben begrenztes Intervall: $\qquad \mu_+ = \hat{\mu} + \Phi^{-1}(\gamma)\,\dfrac{\hat{\sigma}}{\sqrt{n}}$, $\qquad\qquad$ (4.8b)

beidseitig begrenztes Intervall: $\qquad \mu_1 = \hat{\mu} - \Phi^{-1}\left(\dfrac{1+\gamma}{2}\right)\dfrac{\hat{\sigma}}{\sqrt{n}}$, $\qquad$ (4.8c)

$$\mu_2 = \hat{\mu} + \Phi^{-1}\left(\frac{1+\gamma}{2}\right)\frac{\hat{\sigma}}{\sqrt{n}}. \qquad (4.8d)$$

$\hat{\mu}$ ist die Schätzung für μ nach (4.1), $\hat{\sigma}$ die Schätzung für σ nach (4.2) und (4.3).

4.2.3 Intervalle für den Anteil

Gesucht sind das unten begrenzte, das oben begrenzte und das kleinste beidseitig begrenzte γ-Konfidenzintervall für den Anteil π der Merkmalsträger in einer Gesamtheit, wenn man in einer Stichprobe von n Elementen x Merkmalsträger findet. Ist die Gesamtheit viel größer als die Stichprobe oder kann jedes Element mehrfach (und immer mit der gleichen Wahrscheinlichkeit) in der Stichprobe vorkommen, dann ist die Anzahl X der Merkmalsträger in der Stichprobe binomialverteilt. Für genügend große n ist X dann annähernd normalverteilt mit Mittelwert $n\pi$ und Varianz $n\pi(1-\pi)$. Der Anteil X/n in der Stichprobe ist dann ebenfalls annähernd normalverteilt, mit Erwartungswert und Varianz nach (3.17) und (3.18):

$$E\left(\frac{X}{n}\right) = \frac{E(X)}{n} = \frac{n\pi}{n} = \pi , \qquad (4.9a)$$

$$V\left(\frac{X}{n}\right) = \frac{V(X)}{n^2} = \frac{n\pi(1-\pi)}{n^2} = \frac{\pi(1-\pi)}{n} . \qquad (4.9b)$$

Nun gehen wir nach Abschn. 4.2.1 vor und erhalten die Konfidenzgrenzen:

unten begrenztes Intervall: $\qquad \pi_- = \hat{\pi} - \Phi^{-1}(\gamma)\,\sqrt{\dfrac{\hat{\pi}(1-\hat{\pi})}{n}}$, $\qquad$ (4.10a)

oben begrenztes Intervall: $\qquad \pi_+ = \hat{\pi} + \Phi^{-1}(\gamma)\,\sqrt{\dfrac{\hat{\pi}(1-\hat{\pi})}{n}}$, $\qquad$ (4.10b)

beidseitig begrenztes Intervall: $\quad \pi_1 = \hat{\pi} - \Phi^{-1}\left(\dfrac{1+\gamma}{2}\right)\sqrt{\dfrac{\hat{\pi}(1-\hat{\pi})}{n}}$, $\quad$ (4.10c)

$$\pi_2 = \hat{\pi} + \Phi^{-1}\left(\frac{1+\gamma}{2}\right)\sqrt{\frac{\hat{\pi}(1-\hat{\pi})}{n}}. \qquad (4.10d)$$

Hier ist $\hat{\pi}$ die Punktschätzung für π nach (4.4).

4.2.4 Intervalle für die Differenz zweier Erwartungswerte

Gesucht sind das unten begrenzte, das oben begrenzte und das kleinste beidseitig begrenzte γ-Konfidenzintervall für die Differenz $\delta := \mu_X - \mu_Y$ der Erwartungswerte zweier voneinander unabhängiger normalverteilter Größen X und Y, von denen man Stichproben $x_1, \ldots, x_{n_X}$ und $y_1, \ldots, y_{n_Y}$ kennt. Sind die Varianzen von X und Y unbekannt, schätzt man sie aus den Stichproben und nimmt für genügend große Stichproben Normalverteilungen der Stichprobenmittelwerte an. Die Differenz der Stichprobenmittelwerte ist normalverteilt mit Parametern nach (3.20a) und (3.20b).

4.2.4.1 Varianzen von X und Y bekannt

unten begrenztes Intervall:
$$\delta_- = \hat{\delta} - \Phi^{-1}(\gamma) \sqrt{\frac{\sigma_X^2}{n_X} + \frac{\sigma_Y^2}{n_Y}}, \qquad (4.11a)$$

oben begrenztes Intervall:
$$\delta_+ = \hat{\delta} + \Phi^{-1}(\gamma) \sqrt{\frac{\sigma_X^2}{n_X} + \frac{\sigma_Y^2}{n_Y}}, \qquad (4.11b)$$

beidseitig begrenztes Intervall:
$$\delta_1 = \hat{\delta} - \Phi^{-1}\left(\frac{1+\gamma}{2}\right) \sqrt{\frac{\sigma_X^2}{n_X} + \frac{\sigma_Y^2}{n_Y}}, \qquad (4.11c)$$

$$\delta_2 = \hat{\delta} + \Phi^{-1}\left(\frac{1+\gamma}{2}\right) \sqrt{\frac{\sigma_X^2}{n_X} + \frac{\sigma_Y^2}{n_Y}}. \qquad (4.11d)$$

Dabei ist $\hat{\delta}$ ist die Punktschätzung für δ nach (4.5).

4.2.4.2 Varianzen von X und Y unbekannt
Genügend große Stichproben ergeben die Grenzen analog zu Abschn. 4.2.4.1:

unten begrenztes Intervall:
$$\delta_- = \hat{\delta} - \Phi^{-1}(\gamma) \sqrt{\frac{\hat{\sigma}_X^2}{n_X} + \frac{\hat{\sigma}_Y^2}{n_Y}}, \qquad (4.12a)$$

oben begrenztes Intervall:
$$\delta_+ = \hat{\delta} + \Phi^{-1}(\gamma) \sqrt{\frac{\hat{\sigma}_X^2}{n_X} + \frac{\hat{\sigma}_Y^2}{n_Y}}, \qquad (4.12b)$$

beidseitig begrenztes Intervall:
$$\delta_1 = \hat{\delta} - \Phi^{-1}\left(\frac{1+\gamma}{2}\right) \sqrt{\frac{\hat{\sigma}_X^2}{n_X} + \frac{\hat{\sigma}_Y^2}{n_Y}}, \qquad (4.12c)$$

$$\delta_2 = \hat{\delta} + \Phi^{-1}\left(\frac{1+\gamma}{2}\right) \sqrt{\frac{\hat{\sigma}_X^2}{n_X} + \frac{\hat{\sigma}_Y^2}{n_Y}}. \qquad (4.12d)$$

$\hat{\delta}$ schätzt δ nach (4.5), $\hat{\sigma}_X^2$ und $\hat{\sigma}_Y^2$ schätzen σ_X^2 und σ_Y^2 nach (4.2).

4.2.5 Intervalle für die Differenz zweier Anteile

Gesucht sind das unten begrenzte, das oben begrenzte und das kleinste beidseitig begrenzte γ-Konfidenzintervall für die Differenz $\delta := \pi_X - \pi_Y$ der Anteile von Merkmalsträgern
in zwei Gesamtheiten. In einer Stichprobe aus der ersten Gesamtheit gibt es unter n_X
Elementen x Merkmalsträger und in einer Stichprobe aus der zweiten Gesamtheit unter
n_Y Elementen y Merkmalsträger. Der Überlegung von Abschn. 4.2.3 folgend, finden wir
die Anteile der Merkmalsträger in genügend großen Stichproben annähernd normalverteilt. Dann ist die Differenz der Anteile annähernd normalverteilt und mit (3.17), (3.18)
und (4.9a) und (4.9b) ergeben sich die Grenzen:

unten begrenztes Intervall:

$$\delta_- = \hat{\delta} - \Phi^{-1}(\gamma) \sqrt{\frac{\hat{\pi}_X(1-\hat{\pi}_X)}{n_X} + \frac{\hat{\pi}_Y(1-\hat{\pi}_Y)}{n_Y}}\,, \tag{4.13a}$$

oben begrenztes Intervall:

$$\delta_+ = \hat{\delta} + \Phi^{-1}(\gamma) \sqrt{\frac{\hat{\pi}_X(1-\hat{\pi}_X)}{n_X} + \frac{\hat{\pi}_Y(1-\hat{\pi}_Y)}{n_Y}}\,, \tag{4.13b}$$

beidseitig begrenztes Intervall:

$$\delta_1 = \hat{\delta} - \Phi^{-1}\left(\frac{1+\gamma}{2}\right) \sqrt{\frac{\hat{\pi}_X(1-\hat{\pi}_X)}{n_X} + \frac{\hat{\pi}_Y(1-\hat{\pi}_Y)}{n_Y}}\,, \tag{4.13c}$$

$$\delta_2 = \hat{\delta} + \Phi^{-1}\left(\frac{1+\gamma}{2}\right) \sqrt{\frac{\hat{\pi}_X(1-\hat{\pi}_X)}{n_X} + \frac{\hat{\pi}_Y(1-\hat{\pi}_Y)}{n_Y}}\,. \tag{4.13d}$$

$\hat{\delta}$ schätzt δ nach (4.6), $\hat{\pi}_X$ und $\hat{\pi}_Y$ schätzen π_X und π_Y nach (4.4).

4.2.6 Beispiele zur klassischen Intervallschätzung

Beispiel 4.4 *Wir bestimmen aus Semmelweis' Daten in Abschn. 1.3.1 beidseitig begrenzte
99 %-Konfidenzintervalle für a) die Anteile der tödlich verlaufenden Entbindungen ohne
und mit Chlorwaschung und b) die Differenz dieser Anteile.*

a) Die Entbindungen ohne Chlorwaschung indizieren wir mit X und die mit Chlorwaschung mit Y. Aus Beispiel 4.1 übernehmen wir:

$$n_X = 20.042\,,$$
$$\hat{\pi}_X = 0{,}0992\,,$$
$$n_Y = 56.104\,,$$

$$\hat{\pi}_Y = 0{,}0336\,,$$

$$\hat{\delta} = 0{,}0656\,.$$

Nach (4.10c) und (4.10d) erhalten wir die Intervalle für π_X und π_Y:

$$\pi_{X1} = 0{,}0992 - 2{,}58 \cdot \sqrt{\frac{0{,}0992 \cdot (1 - 0{,}0992)}{20.042}} = 0{,}0938\,,$$

$$\pi_{X2} = 0{,}0992 + 2{,}58 \cdot \sqrt{\frac{0{,}0992 \cdot (1 - 0{,}0992)}{20.042}} = 0{,}1046\,,$$

$$\pi_{Y1} = 0{,}0336 - 2{,}58 \cdot \sqrt{\frac{0{,}0336 \cdot (1 - 0{,}0336)}{56.104}} = 0{,}0316\,,$$

$$\pi_{Y2} = 0{,}0336 + 2{,}58 \cdot \sqrt{\frac{0{,}0336 \cdot (1 - 0{,}0336)}{56.104}} = 0{,}0356\,.$$

b) Das Intervall für die Differenz $\delta := \pi_X - \pi_Y$ folgt aus (4.13c) und (4.13d):

$$\delta_1 = 0{,}0656 - 2{,}58 \cdot \sqrt{\frac{0{,}0992 \cdot (1 - 0{,}0992)}{20.042} + \frac{0{,}0336 \cdot (1 - 0{,}0336)}{56.104}} = 0{,}0598\,,$$

$$\delta_2 = 0{,}0656 + 2{,}58 \cdot \sqrt{\frac{0{,}0992 \cdot (1 - 0{,}0992)}{20.042} + \frac{0{,}0336 \cdot (1 - 0{,}0336)}{56.104}} = 0{,}0714\,.$$

$\square$

Beispiel 4.5 *Wir bestimmen aus Millikans Daten in Abschn. 1.3.2 ein beidseitig begrenztes 95 %-Konfidenzintervall für den Erwartungswert der Elementarladungsmessung unter den Bedingungen des damaligen Experiments.*

Wir geben wieder alle Ladungswerte in Coulomb an. Dass die Gesamtheit „unendlich vieler" Messwerte normalverteilt wäre, lässt sich aus den Daten nicht schließen. Das gaußsche Fehlergesetz sagt aber, dass Messfehler häufig annähernd normalverteilt sind, und damit sind auch die Mess*werte* annähernd normalverteilt. Da wir deren Varianz nicht kennen, schätzen wir nach Abschn. 4.2.2.2. Die Stichprobe ist gerade groß genug, um die Verwendung der Normalverteilung anstatt der t-Verteilung zu rechtfertigen. Wir übernehmen die Stichprobengröße und die Schätzungen von Erwartungswert und Standardabweichung aus Beispiel 4.2:

$$n = 23\,,$$

$$\hat{\mu} = 1{,}5924 \cdot 10^{-19}\,,$$

$$\hat{\sigma} = 0{,}0032 \cdot 10^{-19}\,.$$

Nach (4.8c) und (4.8d) ergeben sich die Grenzen

$$\mu_1 = 1{,}5924 \cdot 10^{-19} - 1{,}96 \cdot \frac{0{,}0032 \cdot 10^{-19}}{\sqrt{23}} = 1{,}5911 \cdot 10^{-19}\,,$$

$$\mu_2 = 1{,}5924 \cdot 10^{-19} + 1{,}96 \cdot \frac{0{,}0032 \cdot 10^{-19}}{\sqrt{23}} = 1{,}5937 \cdot 10^{-19}\,.$$

$\square$

Beispiel 4.6 *Wir bestimmen aus Milgrams Daten in Abschn. 1.3.3 ein beidseitig begrenztes 95 %-Konfidenzintervall für den Anteil der Gehorsamen.*

Von den 80 Versuchspersonen waren 52 gehorsam. Mit der Punktschätzung (4.4),

$$\hat{\pi} = \frac{52}{80} = 0{,}65\,,$$

ergeben sich nach (4.10c) und (4.10d) die Konfidenzgrenzen

$$\pi_1 = 0{,}65 - 1{,}96 \cdot \sqrt{\frac{0{,}65 \cdot (1 - 0{,}65)}{80}} = 0{,}545\,,$$

$$\pi_2 = 0{,}65 + 1{,}96 \cdot \sqrt{\frac{0{,}65 \cdot (1 - 0{,}65)}{80}} = 0{,}755\,.$$

$\square$

4.3   Analyse des klassischen Schätzens

4.3.1   Die klassische Punktschätzung

Bei der klassischen Punktschätzung wählt man den Schätzwert so, dass eine bestimmte Funktion optimiert, also minimiert oder maximiert wird. Die Stichprobenparametermethode minimiert die absolute Differenz zwischen dem Schätzwert und dem entsprechenden Wert der Stichprobe, indem sie durch Gleichsetzen der beiden diese Differenz zu 0 macht; die Kleinste-Quadrate-Methode minimiert eine Summe von Abweichungsquadraten, und die Maximum-Likelihood-Methode maximiert die Likelihood. In allen Fällen braucht man nur die Stichprobe und muss nichts über den zu schätzenden Parameter wissen. Das macht die klassische Punktschätzung einfach. Zudem sind die meisten wichtigen Schätzfunktionen leicht zu verstehen und leicht zu berechnen, und so überrascht es nicht, dass die klassische Schätzung fast immer das Mittel der Wahl ist.

Da aber die klassischen Schätzfunktionen nur die Stichprobe verwenden und auf den wahren Wert des zu schätzenden Parameters keinen Bezug nehmen, muss man die Frage stellen, warum der Schätzwert überhaupt etwas mit dem wahren Wert zu tun haben sollte.

Die Antwort ist: Weil man annimmt, dass die Stichprobe mit dem wahren Wert zu tun hat. Diese Annahme ist aber nur gerechtfertigt, wenn die Zufallsgröße, deren Parameter man schätzen will, in geeigneter Weise verteilt ist. Man macht also, ohne es auszusprechen, eine Annahme über die Verteilung. Schätzt man einen Erwartungswert, dann nimmt man an, dass die Stichprobenwerte zum Teil über, zum Teil unter dem Erwartungswert liegen und der Stichprobenmittelwert dem wahren Erwartungswert nahe kommt. Bei extrem schiefen Verteilungen, wo einzelne Werte um Größenordnungen über den typischen Werten liegen, ist diese Annahme falsch: Denken wir uns dazu tausend Einkommen von 3000 Euro und eines von 3 Millionen. Ihr Mittelwert liegt dann bei 5994. Aus einer Stichprobe von 100 Werten schätzt man ihn auf 3000, wenn die Stichprobe das Großeinkommen nicht enthält, andernfalls auf 32.970, und beide Schätzungen liegen weit vom wahren Wert entfernt. Diesem Einwand begegnet die klassische Statistik mit dem Hinweis darauf, dass die Schätzung erwartungstreu sei, dass also der Erwartungswert der Schätzung dem wahren Wert des zu schätzenden Parameters entspreche. Das stimmt zwar, nützt aber nichts. Denn der Erwartungswert ist der Wert, den man im Mittel über *viele* Schätzungen erwarten kann. Meist hat man aber nur *eine* Schätzung, und diese ist unter den genannten Umständen mit Sicherheit massiv falsch.

Immerhin stellen Erwartungstreue, Konsistenz und Effizienz, also jene Eigenschaften, die man sich von einer Schätzfunktion wünscht, einen Zusammenhang zwischen der Schätzfunktion und dem wahren Wert des Parameters her. Doch ebenso, wie die Erwartungstreue nichts über die Beziehung zwischen dem einzelnen Schätzwert und dem wahren Wert des Parameters sagt, so auch die Konsistenz: Diese misst das asymptotische Verhalten der Schätzfunktion für unendlich große Stichproben, lässt aber, sofern man die Verteilung des zu schätzenden Parameters nicht kennt, keinen Schluss auf die Güte der Schätzung bei endlich großer Stichprobe zu.

Allein die Effizienz liefert eine Aussage über die einzelne Schätzung: Hohe Effizienz bedeutet, dass der mittlere quadratische Fehler, also der Erwartungswert der quadrierten Differenz zwischen Schätzwert und wahrem Wert, klein ist, und das heißt, dass der einzelne Schätzwert mit hoher Wahrscheinlichkeit nahe am wahren Wert liegt. Der mittlere quadratische Fehler kann ausgedrückt werden als Summe aus dem Quadrat der Verzerrung und der Varianz der Schätzung. Nicht zuletzt deshalb werden erwartungstreue Schätzfunktionen, also solche mit Verzerrung 0, bevorzugt: weil sie nämlich eine Komponente des mittleren quadratischen Fehlers entfernen. Jaynes hat jedoch gezeigt, dass dadurch die zweite Komponente, die Varianz der Schätzung, mitunter so stark erhöht wird, dass in Summe die Effizienz sinkt. Ein Beispiel dafür ist die Schätzung der Varianz nach (4.2): Die Division durch $n - 1$ anstatt durch n macht sie erwartungstreu, vergrößert aber ihre Varianz derart, dass – in einem Beispiel nach Jaynes – eine erwartungstreue Schätzung 203 Stichprobenwerte benötigen würde, um gleich effizient zu sein wie eine nicht erwartungstreue Schätzung mit 100 Werten [10].

4.3.2 Was sagt ein Konfidenzintervall aus?

Wir haben gesagt, dass ein Konfidenzintervall, wenn man es auf bestimmte Weise ermittelt, den wahren Wert des zu schätzenden Parameters mit einer bestimmten Wahrscheinlichkeit enthält. Ob man das so sagen kann, hängt davon ab, was man unter Wahrscheinlichkeit versteht: ob man sie objektivistisch oder subjektivistisch interpretiert.

Einigkeit herrscht über Folgendes: Wird man eine Stichprobe nehmen und aus ihr das γ-Konfidenzintervall für einen Parameter θ ermitteln, dann wird mit Wahrscheinlichkeit γ ein Intervall herauskommen, das den wahren Wert von θ enthält. Das gilt *vor* dem Ermitteln des Intervalls. Denn die Stichprobendaten sind Zufallsgrößen; die Konfidenzgrenzen, als Funktionen der Stichprobendaten, ebenfalls, und sie werden mit Wahrscheinlichkeit γ passend ausfallen.

Über die Situation *nach* dem Ermitteln des Intervalls gehen die Meinungen auseinander. Die Objektivisten sagen: Sind die Konfidenzgrenzen bestimmt, dann sind sie keine Zufallsgrößen mehr; ob sie θ einschließen oder nicht, steht fest, und es hätte keinen Sinn, von Wahrscheinlichkeit zu reden. Die subjektivistische Ansicht lautet: Das Ermitteln des Intervalls hat an der Lage nichts geändert; solange man nicht weiß, ob θ hineinfällt oder nicht, gibt es dafür eine Wahrscheinlichkeit, und zwar die gleiche wie *vor* dem Ermitteln des Intervalls – sie hing ja nicht von den Werten der Konfidenzgrenzen ab und wurde daher durch deren Festlegen nicht berührt [3, 5].

Vergleichen wir das Problem mit einem Münzwurf. Bevor man die Münze wirft, gibt es zwei mögliche Ergebnisse: Kopf und Zahl, mit ihren jeweiligen Wahrscheinlichkeiten. Analog dazu gibt es vor dem Ermitteln des Konfidenzintervalls zwei Möglichkeiten: dass es θ enthalten wird oder nicht enthalten wird, mit den jeweiligen Wahrscheinlichkeiten. Hat man die Münze geworfen, steht das Ergebnis fest. Analog dazu steht nach dem Ermitteln des Konfidenzintervalls fest, ob es θ enthält oder nicht. Nun kommt der springende Punkt: Für den Subjektivisten hat sich, wenn er nicht weiß, ob Kopf oder Zahl gefallen ist, am Zufallscharakter des Ergebnisses und an den Wahrscheinlichkeiten nichts geändert – er würde nun sagen, dass mit 50 % Wahrscheinlichkeit Kopf oben liegt. Und da er nach dem Ermitteln des Konfidenzintervalls genauso unsicher ist wie vorher, ob es θ enthält, hat sich für ihn auch am Zufallscharakter dieses Ereignisses und an der Wahrscheinlichkeit dafür nichts geändert.

Um die letzte Folgerung zu akzeptieren, muss man θ als Zufallsgröße ansehen, solange man seinen wahren Wert nicht kennt. Gerade das war der Kern unserer subjektivistischen Definition einer Zufallsgröße in Abschn. 3.7.1. Sie beruht auf der Ansicht, dass Wahrscheinlichkeit vom Wissen abhängt. Sieht man aber Wahrscheinlichkeit als relative Häufigkeit in Zufallsexperimenten, dann ist θ keine Zufallsgröße, selbst wenn sein Wert unbekannt ist. (Wie wir in Abschn. 3.7.1 gesehen haben, gibt es dann nur Zufalls*variable*, also veränderliche Größen, die im Zuge des Experimentierens verschiedene Werte annehmen können.)

Subjektivistisch betrachtet kann man also sagen, dass ein gegebenes, d.h. ein bereits ermitteltes γ-Konfidenzintervall den wahren Wert der zu schätzenden Größe mit Wahrscheinlichkeit γ enthält oder, gleichbedeutend damit, dass der wahre Wert mit Wahrscheinlichkeit γ in das Intervall fällt. Objektivistisch betrachtet kann man nur *vor* dem Ermitteln sagen, dass mit Wahrscheinlichkeit γ ein Intervall herauskommen wird, das den wahren Wert enthält; ist das Intervall einmal ermittelt, gibt es keine Wahrscheinlichkeiten mehr. Welchen Sinn hat es aber, ein Konfidenzintervall zu berechnen, wenn es uns *buchstäblich nichts* über den zu schätzenden Parameter sagt? Nimmt man die objektivistische Sicht ernst, wie es fast alle Lehrbücher der klassischen Statistik vorschreiben, so ist das Ermitteln eines Konfidenzintervalls ein nutzloses Zahlenspiel. Wer aber in seiner Forschungspraxis ein Konfidenzintervall berechnet, wird darin mehr erblicken; sie oder er wird erwarten, einen Bereich zu erfahren, in dem der zu schätzende Parameter vermutlich liegt. Aus subjektivistischer Sicht ist diese Erwartung berechtigt, und auch, wer zum Objektivismus neigt, mag sie (vielleicht insgeheim) teilen. Als Studentin oder Student sollten Sie aber aufpassen, was Ihr Professor darüber denkt, und ihre Wortwahl danach richten; denn Statistiker können gefährlichen Blutdruck bekommen, wenn eine Antwort ihrem Weltbild nicht entspricht.

Wir haben beim Ermitteln der Konfidenzintervalle stets die tatsächliche Verteilung durch eine Normalverteilung angenähert. Schauen wir an zwei Beispielen nach, welche Fehler dabei entstanden sind. In Beispiel 4.4 haben wir es mit sehr großen Stichproben zu tun, und dort stimmen die Grenzen der exakten Intervalle, abgeleitet aus Binomialverteilungen, bis zur letzten dargestellten Dezimalstelle mit den näherungsweise erhaltenen überein. In Beispiel 4.5 haben wir das Intervall $[1{,}5911 \cdot 10^{-19}, 1{,}5937 \cdot 10^{-19}]$ erhalten; hätten wir exakt mit der t-Verteilung gerechnet, wäre das Intervall $[1{,}5910 \cdot 10^{-19}, 1{,}5938 \cdot 10^{-19}]$ herausgekommen. Die Stichprobe ist mit 23 Werten klein und die Näherung entsprechend ungenau, doch das exakte Intervall ist nur um 6 % breiter als das näherungsweise erhaltene und man sieht den Unterschied gerade noch in der fünften signifikanten Stelle der Intervallgrenzen. Die Normalverteilung liefert also, sofern nicht die Stichprobe extrem klein ist oder äußerste Genauigkeit verlangt wird, beim klassischen Schätzen brauchbare Werte. Gleiches gilt auch für das klassische Testen, dem wir uns nun zuwenden.

Klassisches Testen

5

Zusammenfassung

Eine Hypothese prüft man, indem man das, was man beobachten würde, wenn sie stimmt, mit dem vergleicht, was man sieht. Je besser die tatsächliche Beobachtung zur Hypothese passt, umso eher wird man der Hypothese vertrauen. Das ist das Prinzip des klassischen Testens.

5.1 Wie funktioniert ein klassischer Test?

Aus der Hypothese, mein Cholesterinspiegel liege bei 220 (Milligramm pro Deziliter Blut), folgt, dass man bei einer Messung diesen Wert finden würde; man misst und die Frage ist entschieden. Ob aber *der mittlere Cholesterinspiegel aller Österreicher* bei 220 liegt, klärt man nicht, indem man alle untersucht; diese Hypothese wird man anhand einer Stichprobe prüfen – man sagt hier: statistisch testen. Ob die Hypothese, die sich auf eine Gesamtheit bezieht, *stimmt*, kann man nicht feststellen, wenn man nur eine Stichprobe hat. Sicherheit kann ein statistischer Test also nicht geben. Wir werden aber, wenn wir in der Stichprobe einen Mittelwert von 220 finden, der Hypothese eher vertrauen, als wenn wir einen Mittelwert von 150 oder von 300 finden. Müssen wir uns für oder gegen die Hypothese entscheiden (sie *annehmen* oder *ablehnen*), dann wünschen wir uns Grenzen: In welchem Bereich muss der Stichprobenmittelwert liegen, damit wir die Hypothese annehmen können?

Überlegen wir uns also einen Test für die Hypothese: *Der mittlere Cholesterinspiegel beträgt 220.* Diese Hypothese nennen wir *Nullhypothese* H_0, den hypothetischen Wert (220) bezeichnen wir als μ_0. Die Alternative zu H_0 ist die Hypothese, die das Gegenteil besagt: *Der mittlere Cholesterinspiegel beträgt nicht 220.*

Nehmen wir an, der Cholesterinspiegel sei in der Bevölkerung normalverteilt mit Varianz σ^2. Wir berechnen den Mittelwert $\overline{X}$ einer Stichprobe von n Werten. Wenn H_0 stimmt,

W. Tschirk, *Statistik: Klassisch oder Bayes*, Springer-Lehrbuch,
DOI 10.1007/978-3-642-54385-2_5, © Springer-Verlag Berlin Heidelberg 2014

ist $\overline{X}$, die *Prüfgröße*, normalverteilt mit $\mu_{\overline{X}} = \mu_0$ und $\sigma_{\overline{X}}^2 = \sigma^2/n$ nach (3.19a) und (3.19b). Liegt nun $\overline{X}$ nahe bei μ_0, so spricht das für H_0 und wir werden H_0 annehmen. Liegt $\overline{X}$ weit von μ_0 entfernt, so spricht das gegen H_0 und wir werden H_0 ablehnen. Die Grenzen, zwischen denen $\overline{X}$ liegen muss, damit wir H_0 annehmen, nennen wir μ_1 und μ_2. Wir wählen sie so, dass sie $\overline{X}$ mit hoher Wahrscheinlichkeit einschließen, falls H_0 stimmt. Wenn nun H_0 stimmt, $\overline{X}$ aber trotzdem nicht zwischen μ_1 und μ_2 liegt, weil wir Pech mit der Stichprobe haben, werden wir H_0 irrtümlich ablehnen. Die bedingte Wahrscheinlichkeit dafür, dass H_0 abgelehnt wird, wenn H_0 stimmt, soll gleich einem Wert α („alpha") sein. Wählen wir $\alpha = 0{,}05$; das heißt, für den Fall, dass H_0 stimmt, akzeptieren wir eine Wahrscheinlichkeit von 5 % dafür, H_0 irrtümlich abzulehnen. Diese Situation ist in Abb. 5.1 dargestellt.

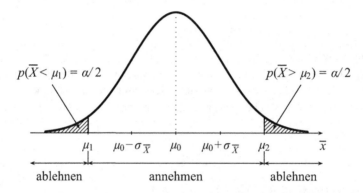

Abb. 5.1 Verteilung des Stichprobenmittelwerts $\overline{X}$, wenn die Hypothese H_0: $\mu = \mu_0$ stimmt. H_0 wird angenommen, wenn $\mu_1 \leq \overline{X} \leq \mu_2$ ist, und andernfalls abgelehnt

Wir ermitteln die zu μ_1 und μ_2 gehörenden Z-Werte der Standardnormalverteilung:

$$\Phi(z_1) = p(\overline{X} < \mu_1) = 0{,}025 \qquad \longrightarrow \quad z_1 = \Phi^{-1}(0{,}025) = -1{,}96\,,$$
$$\Phi(z_2) = 1 - p(\overline{X} > \mu_2) = 1 - 0{,}025 \quad \longrightarrow \quad z_2 = \Phi^{-1}(1 - 0{,}025) = 1{,}96\,.$$

Es sei $\sigma = 50$ und $n = 100$. Dann folgen μ_1 und μ_2:

$$\mu_1 = 220 - 1{,}96 \cdot \frac{50}{\sqrt{100}} = 210{,}2\,,$$

$$\mu_2 = 220 + 1{,}96 \cdot \frac{50}{\sqrt{100}} = 229{,}8\,.$$

Ist H_0 richtig, so werden rund 95 % der Stichproben von je 100 Werten einen Mittelwert zwischen 210,2 und 229,8 liefern und wir werden H_0 richtigerweise annehmen; die anderen rund 5 % der Stichproben werden einen Mittelwert außerhalb dieser Grenzen liefern und wir werden H_0 irrtümlich ablehnen. Doch auch wenn H_0 falsch ist, kann der Stichprobenmittelwert zwischen 210,2 und 229,8 liegen; dann nehmen wir H_0 irrtümlich an. Es gibt daher vier Möglichkeiten, zwei davon sind Fehler (Tab. 5.1).

Tab. 5.1 Die vier Möglichkeiten eines klassischen Tests. (α, β: „alpha", „beta")

	H_0 ist richtig	H_0 ist falsch
H_0 wird angenommen	richtig entschieden	β-Fehler
H_0 wird abgelehnt	α-Fehler	richtig entschieden

Das Ablehnen einer richtigen Nullhypothese heißt α-*Fehler* oder *Fehler 1. Art*, das Annehmen einer falschen heißt β-*Fehler* oder *Fehler 2. Art*. Die bedingte Wahrscheinlichkeit für einen α-Fehler, wenn H_0 richtig ist, wird durch den Wert α bestimmt. Oft wählt man $\alpha = 0{,}05$ oder $\alpha = 0{,}01$; mathematische Gründe für gerade diese Zahlen gibt es nicht. Was man über die Wahrscheinlichkeit für einen β-Fehler sagen kann, werden wir in Abschn. 5.5 sehen.

Fassen wir zusammen: Man wählt eine Wahrscheinlichkeit α für das Ablehnen von H_0, falls H_0 stimmt. Dieses α heißt *Signifikanzniveau*. Weiters wählt man eine *Prüfgröße* (auch: *Teststatistik*) und berechnet den Bereich, in den sie mit Wahrscheinlichkeit $1 - \alpha$ fallen wird, sofern H_0 stimmt: den *Annahmebereich*; die Gesamtheit aller anderen Werte heißt *Ablehnungsbereich*. Nun nimmt man eine Stichprobe und ermittelt den Wert der Prüfgröße; fällt dieser in den Annahmebereich, nimmt man H_0 an; fällt er in den Ablehnungsbereich, lehnt man H_0 ab.

Die Hypothese $\mu = 220$ werden wir ablehnen, wenn der Stichprobenmittelwert entweder zu groß oder zu klein ist, also bei Abweichungen nach *beiden* Seiten; wir sprechen von einem *zweiseitigen* Test. Hypothesen, die nur bei Abweichungen nach *einer* Seite abzulehnen sind, verlangen *einseitige* Tests: Die Nullhypothese $\mu \leq 220$ werden wir nur ablehnen, wenn der Stichprobenmittelwert zu hoch ist. Nehmen wir an, H_0 sei richtig, also $\mu \leq \mu_0 = 220$. Wir berechnen $\overline{X}$ aus einer Stichprobe von n Werten. $\overline{X}$ ist normalverteilt mit $\mu_{\overline{X}} = \mu \leq \mu_0$ und $\sigma_{\overline{X}}^2 = \sigma^2/n$, verteilt sich also, wie in Abb. 5.2 gezeigt, entweder um μ_0 oder um einen Wert $< \mu_0$.

Wir nehmen H_0 an, wenn $\overline{X}$ eine Grenze μ_+ nicht überschreitet. Diese wählen wir so, dass $\overline{X}$ höchstens mit Wahrscheinlichkeit α darüber liegt, falls H_0 stimmt. Die Wahrscheinlichkeit für einen α-Fehler ist am größten bei $\mu = \mu_0$, und dann soll sie gleich α sein (Abb. 5.2 oben); deshalb bestimmt dieser Fall die Grenze μ_+ zwischen Annahme und Ablehnung. Es sei wieder $\sigma = 50$. Wir wählen $\alpha = 0{,}05$ und $n = 100$ und ermitteln den zu μ_+ gehörenden Z-Wert und daraus μ_+:

$$\Phi(z_+) = 1 - p(\overline{X} > \mu_+) = 1 - 0{,}05 \longrightarrow z_+ = \Phi^{-1}(1 - 0{,}05) = 1{,}64 ,$$

$$\mu_+ = 220 + 1{,}64 \cdot \frac{50}{\sqrt{100}} = 228{,}2 .$$

Stimmt H_0, werden mindestens rund 95 % der Stichproben von je 100 Werten einen Mittelwert bis 228,2 liefern und wir werden H_0 richtigerweise annehmen; die restlichen Stichproben, höchstens rund 5 %, werden einen Mittelwert über 228,2 liefern und wir werden H_0 irrtümlich ablehnen. (Da μ stetig ist, sind die Tests der Hypothesen $\mu \leq \mu_0$

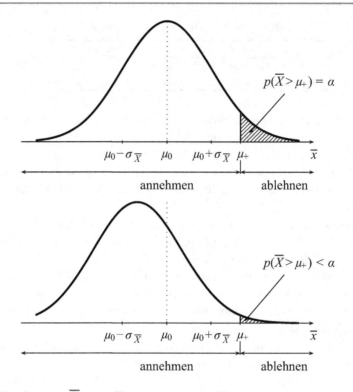

Abb. 5.2 Verteilung von $\overline{X}$, wenn H_0: $\mu \leq \mu_0$ stimmt. *Oben*: $\mu = \mu_0$; *unten*: $\mu < \mu_0$. H_0 wird angenommen, wenn $\overline{X} \leq \mu_+$ ist, und andernfalls abgelehnt

und $\mu < \mu_0$ identisch, ebenso die Tests der Hypothesen $\mu \geq \mu_0$ und $\mu > \mu_0$, und analog für jeden anderen stetigen Parameter.)

5.2 Drei gleichwertige Formulierungen

Unsere Bedingung für das Annehmen der Nullhypothese $\mu \leq 220$ war:

$$\overline{X} \leq 220 + 1{,}64 \cdot \frac{50}{\sqrt{100}} \, ;$$

dass also die Prüfgröße $\overline{X}$ nicht größer sei als der Wert auf der rechten Seite der Ungleichung. Das kann man auch so formulieren:

$$\frac{(\overline{X} - 220) \cdot \sqrt{100}}{50} \leq 1{,}64 \, ;$$

nun ist die linke Seite eine neue Prüfgröße, und die Grenze, die sie nicht überschreiten darf, ist das zu α gehörende z der Standardnormalverteilung. Ein dritter Weg, dasselbe auszudrücken, ist folgender: Wir berechnen aus der Stichprobe den aktuellen Wert $\overline{x}$ von $\overline{X}$ und dann die Wahrscheinlichkeit

$$p_{\max}(\overline{X} \geq \overline{x} | H_0 \text{ stimmt}) = 1 - \Phi\left(\frac{(\overline{x} - 220) \cdot \sqrt{100}}{50}\right).$$

Diese heißt *p-Wert*. Ist sie $\leq \alpha$, dann liegt die Stichprobe so weit von dem entfernt, was H_0 voraussagt, dass dies nur mit Wahrscheinlichkeit $\leq \alpha$ geschieht, falls H_0 stimmt. Wir lehnen H_0 daher genau dann ab, wenn der p-Wert $\leq \alpha$ ist.

Das sind drei Formulierungen *derselben* Bedingung. Wir verwenden im Folgenden stets die erste; die Prüfgröße bezeichnen wir durchgehend mit P.

5.3   Klassische Tests

5.3.1   Tests für den Erwartungswert

Auf dem Signifikanzniveau α zu testen sind die Nullhypothesen, der Erwartungswert μ einer normalverteilten Zufallsgröße X sei mindestens gleich einem Wert μ_0, höchstens gleich μ_0 bzw. genau gleich μ_0, auf Basis einer Stichprobe $x_1, \ldots, x_n$. Mit der Varianz σ^2 von X ist $(\overline{X} - \mu)/(\sigma/\sqrt{n})$ standardnormalverteilt. Ist die Varianz unbekannt, schätzt man sie aus der Stichprobe, und mit $\hat{\sigma}^2$ ist $(\overline{X} - \mu)/(\hat{\sigma}/\sqrt{n})$ t-verteilt, also für genügend große Stichproben annähernd standardnormalverteilt.

5.3.1.1   Varianz von X bekannt
Diesen Fall haben wir in Abschn. 5.1 besprochen. Als Prüfgröße dient der Mittelwert der Stichprobe, also die Punktschätzung für μ nach (4.1):

$$P := \hat{\mu}. \tag{5.1}$$

Die Annahmegrenzen sind:

Hypothese $\mu \geq \mu_0$:	$\mu_- = \mu_0 - \Phi^{-1}(1 - \alpha)\,\sigma/\sqrt{n}$,	(5.2a)
Hypothese $\mu \leq \mu_0$:	$\mu_+ = \mu_0 + \Phi^{-1}(1 - \alpha)\,\sigma/\sqrt{n}$,	(5.2b)
Hypothese $\mu = \mu_0$:	$\mu_1 = \mu_0 - \Phi^{-1}\left(1 - \dfrac{\alpha}{2}\right)\sigma/\sqrt{n}$,	(5.2c)
	$\mu_2 = \mu_0 + \Phi^{-1}\left(1 - \dfrac{\alpha}{2}\right)\sigma/\sqrt{n}$.	(5.2d)

5.3.1.2   Varianz von X unbekannt
Prüfgröße ist wieder $\hat{\mu}$ nach (4.1):

$$P := \hat{\mu}. \tag{5.3}$$

Die Annahmegrenzen sind:

Hypothese $\mu \geq \mu_0$: $\qquad \mu_- = \mu_0 - \Phi^{-1}(1 - \alpha)\,\hat{\sigma}/\sqrt{n}$, $\qquad\qquad$ (5.4a)

Hypothese $\mu \leq \mu_0$: $\qquad \mu_+ = \mu_0 + \Phi^{-1}(1 - \alpha)\,\hat{\sigma}/\sqrt{n}$, $\qquad\qquad$ (5.4b)

Hypothese $\mu = \mu_0$: $\qquad \mu_1 = \mu_0 - \Phi^{-1}\left(1 - \dfrac{\alpha}{2}\right)\,\hat{\sigma}/\sqrt{n}$, $\qquad\qquad$ (5.4c)

$$\mu_2 = \mu_0 + \Phi^{-1}\left(1 - \frac{\alpha}{2}\right)\,\hat{\sigma}/\sqrt{n}\,. \qquad\qquad (5.4\text{d})$$

Dabei ist $\hat{\sigma}$ die Punktschätzung für σ nach (4.2) und (4.3).

5.3.2   Tests für den Anteil

Auf dem Signifikanzniveau α zu testen sind die Nullhypothesen, der Anteil π von Merkmalsträgern in einer Gesamtheit sei mindestens gleich einem Wert π_0, höchstens gleich π_0 bzw. genau gleich π_0.

Man habe eine Stichprobe von n Elementen mit x Merkmalsträgern. Prüfgröße ist der Anteil der Merkmalsträger in der Stichprobe, also die Punktschätzung für π nach (4.4):

$$P := \hat{\pi}\,. \qquad\qquad (5.5)$$

Ist die Gesamtheit viel größer als die Stichprobe oder kann jedes Element mehrfach (und immer mit der gleichen Wahrscheinlichkeit) in der Stichprobe vorkommen, dann ist die Anzahl X der Merkmalsträger in der Stichprobe binomialverteilt. Für genügend große Stichproben ist X dann annähernd normalverteilt, und Gleiches gilt für den Anteil der Merkmalsträger in der Stichprobe, also für die Prüfgröße. Daher kommen wir analog zur Ableitung der Konfidenzgrenzen in Abschn. 4.2.3 zu den Annahmegrenzen:

Hypothese $\pi \geq \pi_0$: $\qquad \pi_- = \pi_0 - \Phi^{-1}(1 - \alpha)\sqrt{\dfrac{\pi_0(1 - \pi_0)}{n}}$, $\qquad\qquad$ (5.6a)

Hypothese $\pi \leq \pi_0$: $\qquad \pi_+ = \pi_0 + \Phi^{-1}(1 - \alpha)\sqrt{\dfrac{\pi_0(1 - \pi_0)}{n}}$, $\qquad\qquad$ (5.6b)

Hypothese $\pi = \pi_0$: $\qquad \pi_1 = \pi_0 - \Phi^{-1}\left(1 - \dfrac{\alpha}{2}\right)\sqrt{\dfrac{\pi_0(1 - \pi_0)}{n}}$, $\qquad\qquad$ (5.6c)

$$\pi_2 = \pi_0 + \Phi^{-1}\left(1 - \frac{\alpha}{2}\right)\sqrt{\frac{\pi_0(1 - \pi_0)}{n}}\,. \qquad\qquad (5.6\text{d})$$

5.3.3   Tests für die Differenz zweier Erwartungswerte

Auf dem Signifikanzniveau α zu testen sind die Nullhypothesen, die Differenz $\delta := \mu_X - \mu_Y$ zwischen den Erwartungswerten zweier voneinander unabhängiger normalverteilter Zufallsgrößen X und Y sei mindestens gleich einem Wert δ_0, höchstens gleich δ_0

bzw. genau gleich δ_0. Wir haben die Stichproben $x_1, \ldots, x_{n_X}$ von X und $y_1, \ldots, y_{n_Y}$ von Y. Wieder können die Varianzen von X und Y bekannt sein oder nicht. Sind sie unbekannt, dann schätzt man sie aus den Stichproben und kann für genügend große Stichproben Normalverteilungen der Stichprobenmittelwerte mit den geschätzten Varianzen annehmen. Dann ist die Differenz der Stichprobenmittelwerte normalverteilt mit Erwartungswert und Varianz nach (3.20a) und (3.20b). Daraus folgen die Annahmegrenzen.

5.3.3.1 Varianzen von X und Y bekannt

Prüfgröße ist die Differenz der Stichprobenmittelwerte, also die Punktschätzung für δ nach (4.5):

$$P := \hat{\delta} \,. \tag{5.7}$$

Die Annahmegrenzen sind:

$$\text{Hypothese } \mu_X - \mu_Y \geq \delta_0 : \quad \delta_- = \delta_0 - \Phi^{-1}(1 - \alpha)\sqrt{\frac{\sigma_X^2}{n_X} + \frac{\sigma_Y^2}{n_Y}}, \tag{5.8a}$$

$$\text{Hypothese } \mu_X - \mu_Y \leq \delta_0 : \quad \delta_+ = \delta_0 + \Phi^{-1}(1 - \alpha)\sqrt{\frac{\sigma_X^2}{n_X} + \frac{\sigma_Y^2}{n_Y}}, \tag{5.8b}$$

$$\text{Hypothese } \mu_X - \mu_Y = \delta_0 : \quad \delta_1 = \delta_0 - \Phi^{-1}\left(1 - \frac{\alpha}{2}\right)\sqrt{\frac{\sigma_X^2}{n_X} + \frac{\sigma_Y^2}{n_Y}}, \tag{5.8c}$$

$$\delta_2 = \delta_0 + \Phi^{-1}\left(1 - \frac{\alpha}{2}\right)\sqrt{\frac{\sigma_X^2}{n_X} + \frac{\sigma_Y^2}{n_Y}}. \tag{5.8d}$$

σ_X^2 und σ_Y^2 sind die bekannten Varianzen von X und Y.

5.3.3.2 Varianzen von X und Y unbekannt

Prüfgröße ist die Differenz der Stichprobenmittelwerte, also die Punktschätzung für δ nach (4.5):

$$P := \hat{\delta} \,. \tag{5.9}$$

Für genügend große Stichproben sind die Annahmegrenzen:

$$\text{Hypothese } \mu_X - \mu_Y \geq \delta_0 : \quad \delta_- = \delta_0 - \Phi^{-1}(1 - \alpha)\sqrt{\frac{\hat{\sigma}_X^2}{n_X} + \frac{\hat{\sigma}_Y^2}{n_Y}}, \tag{5.10a}$$

$$\text{Hypothese } \mu_X - \mu_Y \leq \delta_0 : \quad \delta_+ = \delta_0 + \Phi^{-1}(1 - \alpha)\sqrt{\frac{\hat{\sigma}_X^2}{n_X} + \frac{\hat{\sigma}_Y^2}{n_Y}}, \tag{5.10b}$$

Hypothese $\mu_X - \mu_Y = \delta_0$: $\delta_1 = \delta_0 - \Phi^{-1}\left(1 - \frac{\alpha}{2}\right)\sqrt{\frac{\hat{\sigma}_X^2}{n_X} + \frac{\hat{\sigma}_Y^2}{n_Y}}$,   (5.10c)

$$\delta_2 = \delta_0 + \Phi^{-1}\left(1 - \frac{\alpha}{2}\right)\sqrt{\frac{\hat{\sigma}_X^2}{n_X} + \frac{\hat{\sigma}_Y^2}{n_Y}}.$$ (5.10d)

Dabei sind $\hat{\sigma}_X^2$ und $\hat{\sigma}_Y^2$ die Punktschätzungen für σ_X^2 und σ_Y^2 nach (4.2).

5.3.4 Tests für die Differenz zweier Anteile

Auf dem Signifikanzniveau α zu testen sind die Nullhypothesen, die Differenz $\delta := \pi_X - \pi_Y$ der Anteile von Merkmalsträgern in zwei Gesamtheiten sei mindestens gleich einem Wert δ_0, höchstens gleich δ_0 bzw. genau gleich δ_0. Stichproben von n_X bzw. n_Y Elementen liefern x bzw. y Merkmalsträger.

Prüfgröße ist die Differenz der Merkmalsträgeranteile in den Stichproben, also die Punktschätzung für δ nach (4.6):

$$P := \hat{\delta}.$$ (5.11)

Nach der Argumentation von Abschn. 5.3.2 sind die Anteile der Merkmalsträger in genügend großen Stichproben annähernd normalverteilt. Dann ist die Differenz der Anteile annähernd normalverteilt, und mit (3.17), (3.18) und (4.9a), (4.9b) ergeben sich die Annahmegrenzen:

Hypothese $\pi_X - \pi_Y \geq \delta_0$:

$$\delta_- = \delta_0 - \Phi^{-1}(1 - \alpha)\sqrt{\frac{\hat{\pi}_X(1 - \hat{\pi}_X)}{n_X} + \frac{\hat{\pi}_Y(1 - \hat{\pi}_Y)}{n_Y}},$$ (5.12a)

Hypothese $\pi_X - \pi_Y \leq \delta_0$:

$$\delta_+ = \delta_0 + \Phi^{-1}(1 - \alpha)\sqrt{\frac{\hat{\pi}_X(1 - \hat{\pi}_X)}{n_X} + \frac{\hat{\pi}_Y(1 - \hat{\pi}_Y)}{n_Y}},$$ (5.12b)

Hypothese $\pi_X - \pi_Y = \delta_0$:

$$\delta_1 = \delta_0 - \Phi^{-1}\left(1 - \frac{\alpha}{2}\right)\sqrt{\frac{\hat{\pi}_X(1 - \hat{\pi}_X)}{n_X} + \frac{\hat{\pi}_Y(1 - \hat{\pi}_Y)}{n_Y}},$$ (5.12c)

$$\delta_2 = \delta_0 + \Phi^{-1}\left(1 - \frac{\alpha}{2}\right)\sqrt{\frac{\hat{\pi}_X(1 - \hat{\pi}_X)}{n_X} + \frac{\hat{\pi}_Y(1 - \hat{\pi}_Y)}{n_Y}}.$$ (5.12d)

Dabei sind $\hat{\pi}_X$ und $\hat{\pi}_Y$ die Punktschätzungen für π_X und π_Y nach (4.4). Für den Spezialfall $\delta_0 = 0$ gäbe es einen eigenen Test, den wir aber nicht betrachten.

5.4 Beispiele zum klassischen Testen

Beispiel 5.1 *Steht die Behauptung der meisten Ärzte um 1860, das Entbinden wäre ohne Chlorwaschung nicht gefährlicher als mit Chlorwaschung, in Einklang mit Semmelweis' Daten in Abschn. 1.3.1?*

Indizieren wir die Entbindungen ohne Chlorwaschung mit X, jene mit Chlorwaschung mit Y, so lautet die Hypothese der Semmelweisgegner: $\pi_X \leq \pi_Y$, also $\delta := \pi_X - \pi_Y \leq 0$. Wir wählen sie als Nullhypothese. (Wir hätten auch ihr Gegenteil, also Semmelweis' Vermutung, zur Nullhypothese erklären können. Die Wahl der Nullhypothese besprechen wir in Abschn. 5.6.) Die Hypothese $\pi_X - \pi_Y \leq 0$ verlangt einen einseitigen Test entsprechend Abschn. 5.3.4. Wir wählen ein α von 1 %, verwenden die Werte

$$n_X = 20.042\,,$$

$$\hat{\pi}_X = 0{,}0992\,,$$

$$n_Y = 56.104\,,$$

$$\hat{\pi}_Y = 0{,}0336\,,$$

$$\hat{\delta} = 0{,}0656$$

aus Beispiel 4.1 und bestimmen die Prüfgröße sowie, nach (5.12b), die Annahmegrenze:

$$P = 0{,}0656\,,$$

$$\delta_+ = 0 + 2{,}33 \cdot \sqrt{\frac{0{,}0992 \cdot (1 - 0{,}0992)}{20.042} + \frac{0{,}0336 \cdot (1 - 0{,}0336)}{56.104}} = 0{,}0052\,.$$

Da $P > \delta_+$ ist, lehnen wir die Hypothese auf dem Niveau $\alpha = 0{,}01$ ab. $\qquad\square$

Beispiel 5.2 *Lässt sich die Behauptung des ersten Satzes von Abschn. 1.3.3 aufrechterhalten? Kann man also die Hypothese annehmen, der Anteil der Gehorsamen betrage 75 %?*

Die Nullhypothese $\pi = 0{,}75$ erfordert einen zweiseitigen Test nach Abschn. 5.3.2; als Signifikanzniveau wählen wir 5 %. Von den 80 Versuchspersonen waren 52 gehorsam. Wir erhalten die Prüfgröße

$$P = \frac{52}{80} = 0{,}65$$

und nach (5.6c) und (5.6d) die Annahmegrenzen

$$\pi_1 = 0{,}75 - 1{,}96 \cdot \sqrt{\frac{0{,}75 \cdot (1 - 0{,}75)}{80}} = 0{,}655\,,$$

$$\pi_2 = 0{,}75 + 1{,}96 \cdot \sqrt{\frac{0{,}75 \cdot (1 - 0{,}75)}{80}} = 0{,}845\,.$$

Da $P < \pi_1$ ist, lehnen wir die Hypothese auf dem Niveau $\alpha = 0{,}05$ ab. $\qquad\square$

In den nächsten beiden Abschnitten besprechen wir die Wahrscheinlichkeit dafür, dass eine falsche Nullhypothese angenommen wird, und, damit zusammenhängend, einige Gesichtspunkte betreffend die Wahl der Nullhypothese. Wir werden uns dabei auf das folgende Beispiel beziehen.

Beispiel 5.3 *Auf dem Signifikanzniveau 1 % zu testen sind die Nullhypothesen, der Anteil der Pollenallergiker unter allen Kindern betrage mehr als 15 % bzw. höchstens 15 %. Dabei haben in einer Stichprobe von 200 Kindern 23 eine Pollenallergie.*

Wie aus der Bemerkung am Ende des Abschn. 5.1 hervorgeht, ist der Test der Hypothese $\pi > 0{,}15$ identisch mit dem Test der Hypothese $\pi \geq 0{,}15$. Somit ergeben sich für beide Nullhypothesen Prüfgröße und Annahmegrenzen nach Abschn. 5.3.2:

$$P = \frac{23}{200} = 0{,}115 \,,$$

$$H_0 : \pi > 0{,}15 : \quad \pi_- = 0{,}15 - 2{,}33 \cdot \sqrt{\frac{0{,}15 \cdot (1 - 0{,}15)}{200}} = 0{,}091 \,,$$

$$H_0 : \pi \leq 0{,}15 : \quad \pi_+ = 0{,}15 + 2{,}33 \cdot \sqrt{\frac{0{,}15 \cdot (1 - 0{,}15)}{200}} = 0{,}209 \,.$$

Die Hypothesen widersprechen einander, daher können nicht beide stimmen. Jede von ihnen würde aber als Nullhypothese auf dem Niveau $\alpha = 0{,}01$ angenommen, da sowohl $P \geq \pi_-$ als auch $P \leq \pi_+$ gilt. Die damit zusammenhängenden Probleme besprechen wir in Abschn. 5.6. □

5.5 Die Operationscharakteristik eines Tests

In Abschn. 5.1 sind wir auf den β-Fehler gestoßen: den Fehler, eine falsche Nullhypothese anzunehmen. Nun untersuchen wir, was man über die Wahrscheinlichkeit für diesen Fehler sagen kann.

Damit die Nullhypothese angenommen wird, muss die Prüfgröße in den Annahmebereich fallen. Bezeichnen wir mit β die Wahrscheinlichkeit dafür, dass das geschieht; dann ist $1 - \beta$ die Wahrscheinlichkeit dafür, dass die Prüfgröße in den Ablehnungsbereich fällt. β und $1 - \beta$ sind Funktionen des Parameters θ, der Gegenstand der Hypothese ist: Lautet eine Hypothese wie in Beispiel 5.3, der Anteil der Pollenallergiker sei höchstens 15 %, dann hängen β und $1 - \beta$ davon ab, wie groß dieser Anteil wirklich ist. Die Funktion $\beta(\theta)$ heißt *Operationscharakteristik*, die Funktion $1 - \beta(\theta)$ nennt man *Güte, Trennschärfe, Stärke, Power* oder *Macht* eines Tests.

Wir greifen nun das Beispiel 5.3 wieder auf und stellen diesmal die β-Fehler-Wahrscheinlichkeit in den Vordergrund. Auf dem Signifikanzniveau 1 % zu testen sei die Hypothese, der Anteil der Pollenallergiker betrage höchstens 15 %. Die Stichprobe soll 200 Werte umfassen. Gesucht ist die Operationscharakteristik des Tests. Wie verändert sie sich, wenn man die Stichprobe vergrößert?

Nach Beispiel 5.3 wird die Hypothese angenommen, wenn die Prüfgröße, der Anteil der Merkmalsträger in der Stichprobe, nicht größer als 0,209 ist:

$$P = \hat{\pi} \le 0{,}209 .$$

Wir können berechnen, mit welcher Wahrscheinlichkeit P in den Annahmebereich fällt, wenn der wirkliche Anteil π ist. Sofern π nicht zu nahe bei 0 oder 1 liegt, ist P annähernd normalverteilt mit $\mu = \pi$ und $\sigma^2 = \pi(1 - \pi)/200$, und daraus folgt:

$$\beta(\pi) = p(P \le 0{,}209) = \Phi\left(\frac{0{,}209 - \pi}{\sqrt{\dfrac{\pi(1 - \pi)}{200}}} \right) .$$

Ist beispielsweise $\pi = 0{,}2$, so gilt:

$$\beta(0{,}2) = \Phi\left(\frac{0{,}209 - 0{,}2}{\sqrt{\dfrac{0{,}2 \cdot (1 - 0{,}2)}{200}}} \right) = \Phi(0{,}32) = 0{,}6255 .$$

Wenn also $\pi = 0{,}2$ ist, wird mit Wahrscheinlichkeit 0,6255 die *falsche* Hypothese $\pi \le 0{,}15$ angenommen und ein β-Fehler begangen. Mit Wahrscheinlichkeit 0,3745 wird die falsche Hypothese abgelehnt und ein β-Fehler vermieden. Wir führen diese Rechnung für mehrere Werte von π durch und erhalten die Operationscharakteristik entsprechend Abb. 5.3.

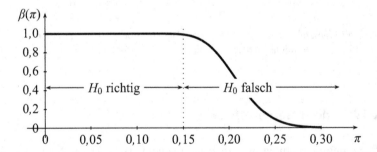

Abb. 5.3 Operationscharakteristik eines Tests der Hypothese $\pi \le 0{,}15$ mit einer Stichprobe der Größe 200. Mit Wahrscheinlichkeit $\beta(\pi)$ wird beim Anteil π die Hypothese angenommen

Die Nullhypothese wird also selbst dann sehr wahrscheinlich angenommen, wenn der tatsächliche Anteil weit über dem maximalen hypothetischen liegt. Vergrößern wir nun die Stichprobe auf 1000 Werte. Wir erhalten ein neues Annahmekriterium:

$$P = \hat{\pi} \le 0{,}15 + 2{,}33 \cdot \sqrt{\frac{0{,}15 \cdot (1 - 0{,}15)}{1000}} = 0{,}176$$

und eine neue Wahrscheinlichkeit dafür, dass P in den Annahmebereich fällt:

$$\beta(\pi) = p(P \le 0{,}176) = \Phi\left(\frac{0{,}176 - \pi}{\sqrt{\dfrac{\pi(1 - \pi)}{1000}}}\right).$$

Mit $\pi = 0{,}2$ ergibt das:

$$\beta(0{,}2) = \Phi\left(\frac{0{,}176 - 0{,}2}{\sqrt{\dfrac{0{,}2 \cdot (1 - 0{,}2)}{1000}}}\right) = \Phi(-1{,}90) = 0{,}0287.$$

Die β-Fehler-Wahrscheinlichkeit bei $\pi = 0{,}2$ beträgt also nur mehr $0{,}0287$ – mit größerer Stichprobe wird eine falsche Nullhypothese nicht mehr so leicht angenommen. Die neue Operationscharakteristik sehen wir in Abb. 5.4.

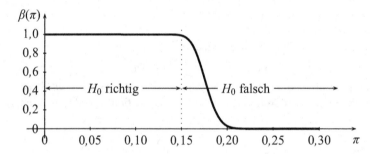

Abb. 5.4 Operationscharakteristik eines Tests der Hypothese $\pi \le 0{,}15$ mit einer Stichprobe der Größe 1000. Mit Wahrscheinlichkeit $\beta(\pi)$ wird beim Anteil π die Hypothese angenommen

5.6 Die Wahl der Nullhypothese

Welche Vermutung man prüfen will, ist keine mathematische Frage. Man kann aber aus den Eigenschaften der besprochenen Tests drei Schlüsse ziehen: erstens, welche Anforderungen die Nullhypothese erfüllen muss, damit man sie testen kann; zweitens, welche Auswirkungen es hat, wenn man von zwei konkurrierenden Hypothesen die eine zur Nullhypothese erklärt; und drittens, dass die Nullhypothese von der Stichprobe unabhängig sein muss.

5.6.1 Spezifische und unspezifische Hypothesen

Wir haben gesehen, dass man eine Hypothese testet, indem man das, was aus ihr folgt, mit dem vergleicht, was man beobachtet. Die Nullhypothese muss also so beschaffen sein, dass man sagen kann, was aus ihr folgt, und das mit der Wirklichkeit vergleichen kann. In der Sprache der klassischen schließenden Statistik heißt das: Es muss eine Prüfgröße geben, von der man weiß, wie sie verteilt ist, falls H_0 stimmt, und deren Wert für eine Stichprobe berechnet werden kann. Lautet H_0: *Der mittlere Cholesterinspiegel in der Bevölkerung beträgt 220*, so ist diese Forderung erfüllt. Denn wenn H_0 stimmt, ist die Prüfgröße, der Mittelwert der Stichprobe, normalverteilt mit einem Erwartungswert von 220, und ihre Varianz kann man, sofern man sie nicht kennt, aus der Stichprobe schätzen. Lautet H_0 hingegen: *Der mittlere Wert in der Bevölkerung beträgt nicht 220*, so ist die Forderung nicht erfüllt, denn *nicht 220* kann alles Mögliche bedeuten. Eine Hypothese, aus der sich die Verteilung einer Prüfgröße ergibt, nennt man *spezifisch*, eine andere *unspezifisch*.

Die Hypothese, der mittlere Cholesterinspiegel in der Bevölkerung betrage *höchstens* 220, ist unspezifisch. In Abschn. 5.1 haben wir trotzdem einen Weg gefunden, sie zu testen: Stimmt sie nämlich, so ist die Prüfgröße, der Stichprobenmittelwert, normalverteilt mit einem Erwartungswert von höchstens 220. Wir lehnen die Hypothese ab, wenn wir in der Stichprobe im Mittel zu hohe Werte finden. Die Wahrscheinlichkeit dafür, dass wir sie irrtümlich ablehnen, ist am größten, wenn der mittlere Wert in der Bevölkerung genau 220 beträgt. Dann aber soll diese Irrtumswahrscheinlichkeit gleich dem Signifikanzniveau α sein. Deshalb haben wir die Annahmegrenze für den Fall berechnet, dass der mittlere Wert genau 220 beträgt. Wir haben damit von einer unspezifischen Nullhypothese den maßgeblichen spezifischen Grenzfall getestet.

Nicht jede unspezifische Hypothese enthält einen spezifischen Grenzfall, den man testen könnte. Die Hypothese, der mittlere Cholesterinspiegel in der Bevölkerung betrage *nicht 220*, enthält keinen. Denn mit dieser Hypothese verträglich ist jeder von 220 verschiedene Wert, möge er noch so nahe an 220 liegen; damit wäre der Grenzfall der Hypothese $\mu \neq 220$ der Fall $\mu = 220$ – das ist aber gerade ihr Gegenteil. Die Hypothese $\mu \neq 220$ scheidet daher als Nullhypothese aus. Sämtliche Hypothesen, die lediglich behaupten, zwei oder mehr Größen seien verschieden, sind als Nullhypothesen unbrauchbar. Deshalb gibt es Tests auf *Gleichheit* von Mittelwerten, Varianzen, Anteilen, Korrelationskoeffizienten usw., aber keine Tests auf deren *bloße Ungleichheit*. Auf Ungleichheit kann nur getestet werden, wenn die Größe des Unterschieds Teil der Hypothese ist, wie in den Abschn. 5.3.3 und 5.3.4.

5.6.2 Der Test bevorzugt die Nullhypothese

Versetzen wir uns in die Lage einer Person, die sich entscheiden muss, ob sie künftig davon ausgehen soll, dass mehr als 15 % aller Kinder eine Pollenallergie haben, oder davon, dass es höchstens 15 % sind. Bezeichnen wir den Anteil der Pollenallergiker in der Gesamtheit mit π. Wenn unsere Versuchsperson die Frage durch einen statistischen Test beantworten will – soll die Nullhypothese dann lauten: $\pi > 0,15$, oder soll sie lauten: $\pi \leq 0,15$?

Betrachten wir zuerst die Nullhypothese $\pi > 0,15$. Wir wählen ein Signifikanzniveau von 1 % und eine Stichprobengröße von 200; das sind die Parameter von Beispiel 5.3, und wir erhalten wie dort die Annahmegrenze

$$\pi_- = 0,091 \,.$$

Unsere Versuchsperson wird H_0 annehmen, sofern mindestens 9,1 % der 200 Kinder in der Stichprobe, also mindestens 19 von ihnen, eine Pollenallergie haben, und andernfalls ablehnen. Nimmt sie H_0 an, so geht sie künftig davon aus, dass der Anteil in der Gesamtheit mehr als 15 % beträgt, andernfalls davon, dass er höchstens 15 % beträgt.

Nun betrachten wir die Nullhypothese $\pi \leq 0,15$ und wählen Signifikanzniveau und Stichprobengröße wie zuvor. Wir erhalten die Annahmegrenze

$$\pi_+ = 0,209 \,.$$

Unsere Versuchsperson wird H_0 annehmen, sofern höchstens 20,9 % der 200 Kinder in der Stichprobe, also höchstens 41 von ihnen, eine Pollenallergie haben, und andernfalls ablehnen. Nimmt sie H_0 an, so geht sie künftig davon aus, dass der Anteil in der Gesamtheit höchstens 15 % beträgt, andernfalls davon, dass er mehr als 15 % beträgt.

Tab. 5.2 Ausgang eines klassischen Tests, abhängig von der Nullhypothese

	$x < 19$	$19 \leq x \leq 41$	$x > 41$
$H_0 : \pi > 0,15$	$\pi \leq 0,15$	$\pi > 0,15$	$\pi > 0,15$
$H_0 : \pi \leq 0,15$	$\pi \leq 0,15$	$\pi \leq 0,15$	$\pi > 0,15$

Tabelle 5.2 zeigt, wovon unsere Versuchsperson künftig ausgehen wird, abhängig von der Nullhypothese und der Anzahl x der Pollenallergiker in der Stichprobe: Gibt es in der Stichprobe weniger als 19 Pollenallergiker, dann wird sie künftig annehmen, der Anteil in der Gesamtheit liege bei höchstens 15 %, und zwar unabhängig davon, welche Nullhypothese sie für den Test gewählt hat. Gibt es mehr als 41, dann wird sie annehmen, er liege über 15 %, und zwar ebenfalls unabhängig von der Nullhypothese. Gibt es aber in der Stichprobe 19 bis 41 Pollenallergiker, dann hängt die künftige Annahme von der Nullhypothese ab: Sie ist mit ihr identisch.

Die Nullhypothese wird also vom Test bevorzugt; im Zweifelsfall wird sie angenommen, und damit sie abgelehnt wird, müssen die Daten deutlich gegen sie sprechen. Daher sollte man sie so wählen, dass ihr irrtümliches Annehmen möglichst wenig Schaden anrichtet: Will man prüfen, ob ein neues Medikament besser ist als die alten, wird man als Nullhypothese annehmen, es sei *nicht* besser. Damit verhindert man, dass jede Neuerung, die *nicht viel schlechter* ist als das Bestehende, wie eine Verbesserung aussieht. Falsch ist aber die sogar in Lehrbüchern vertretene Meinung, die Nullhypothese wäre grundsätzlich das Gegenteil dessen, was man prüfen will: Will man prüfen, ob ein Medikament Nebenwirkungen hat, dann kann man eine Katastrophe auslösen, wenn man als Nullhypothese annimmt, es hätte keine, und dadurch die Nebenwirkungen im Test übersieht.

5.6.3 Die Nullhypothese muss von der Stichprobe unabhängig sein

In der Stichprobe von Beispiel 5.3 finden sich unter 200 Kindern 23 mit Pollenallergie, das sind 11,5 %. Wenn wir daraus die Nullhypothese ableiten, der Anteil der Pollenallergiker in der Gesamtheit betrage 11,5 %, und diese mit derselben Stichprobe testen, dann wird sie angenommen. Gleiches gilt beispielsweise für die Nullhypothese, der Anteil betrage mehr als 10 %. Stellt man nämlich an einer Stichprobe eine Eigenschaft fest und leitet daraus die Nullhypothese ab, die Gesamtheit habe die gleiche Eigenschaft, dann kann ein Test mit derselben Stichprobe niemals zum Ablehnen führen. Denn indem man den hypothetischen Wert gleich dem Wert der Prüfgröße wählt (im obigen Fall $H_0 : \pi = 0{,}115$) bzw. den hypothetischen Bereich so wählt, dass er den Wert der Prüfgröße enthält ($H_0 : \pi > 0{,}1$), legt man den Annahmebereich um den beobachteten Wert der Prüfgröße herum; und damit fällt die Prüfgröße mit Sicherheit in den Annahmebereich, unabhängig davon, ob H_0 stimmt. Das macht den Test ungültig. Denn wie wir in Abschn. 5.1 gesehen haben, muss der Annahmebereich so berechnet werden, dass die Prüfgröße, sofern H_0 stimmt, bei spezifischer Hypothese bzw. im spezifischen Grenzfall mit Wahrscheinlichkeit $1 - \alpha$ hineinfällt. Der Annahmebereich darf daher nicht mit Absicht um den beobachteten Wert der Prüfgröße herum gelegt werden. Er darf aber auch nicht mit Absicht in die Nähe dieses Werts oder mit Absicht weit von diesem Wert entfernt gewählt werden, kurz gesagt: Der Annahmebereich darf vom beobachteten Wert der Prüfgröße überhaupt nicht abhängen. Das ist nur dann sichergestellt, wenn die Nullhypothese selbst nicht von der Stichprobe abhängt. Andernfalls bestünde ein Zusammenhang zwischen dem Annahmebereich (der von der Nullhypothese abhängt) und dem Wert der Prüfgröße (der von der Stichprobe abhängt).

5.7 Analyse des klassischen Testens

Spricht man vom statistischen Testen einer Hypothese, so bezieht man sich auf eine Hypothese, die eine Gesamtheit betrifft und durch Untersuchung einer Stichprobe nicht mit Sicherheit bestätigt oder widerlegt werden kann. Hypothesen über Einzelfälle können am Einzelfall bestätigt oder widerlegt werden und sind nicht Gegenstand statistischer Tests. Aber auch Hypothesen über Gesamtheiten können mitunter durch eine Stichprobe entschieden werden: Die Hypothese, alle Raben seien schwarz, ist mit Sicherheit widerlegt, wenn man in der Stichprobe einen nichtschwarzen Raben findet. Man testet sie daher, indem man einen nichtschwarzen Raben sucht. Es spräche nichts dagegen, auch diesen Test als statistischen Test zu betrachten und eine Annahmegrenze festzulegen: Die Hypothese wird angenommen, wenn in der Stichprobe alle Raben schwarz sind, und andernfalls abgelehnt. Wir halten uns aber an die übliche Sprachregelung und betrachten nur Hypothesen, die durch Stichproben nicht mit Sicherheit bestätigt oder widerlegt werden können.

5.7.1   Was sagt ein klassischer Test aus?

Ein statistischer Test sagt also nicht, ob eine Hypothese stimmt. Fällt die Prüfgröße in den Annahmebereich, so kann das Zufall sein – zufällig passt die Stichprobe gut zur Hypothese, obwohl diese falsch ist. Fällt die Prüfgröße in den Ablehnungsbereich, so kann auch das Zufall sein – zufällig passt die Stichprobe schlecht zur Hypothese, obwohl diese richtig ist.

Ein klassischer statistischer Test sagt auch nicht, wie wahrscheinlich es ist, dass eine Hypothese stimmt. Aus objektivistischer Sicht gibt es dafür gar keine Wahrscheinlichkeit; denn ob die Hypothese stimmt, steht fest, man weiß es nur nicht. Erst wenn man subjektivistisch denkt und auch solchen Ereignissen eine Wahrscheinlichkeit zuschreibt, deren Eintreten oder Nichteintreten feststeht, erhält die Frage einen Sinn. Doch selbst dann liefert der Test die gesuchte Wahrscheinlichkeit nicht. Wir begründen das mit dem Satz von Bayes. Dazu bezeichnen wir mit H das Ereignis, dass die Nullhypothese stimmt, und mit A das Ereignis, dass die Prüfgröße in den Annahmebereich fällt. Zunächst untersuchen wir die Wahrscheinlichkeit dafür, dass die Nullhypothese stimmt, wenn die Prüfgröße in den Annahmebereich fällt, also $p(H|A)$. Für diese Wahrscheinlichkeit gilt nach dem Satz von Bayes:

$$p(H|A) = \frac{p(A|H)p(H)}{p(A)}.$$

Den ersten Faktor im Zähler der rechten Seite: die Wahrscheinlichkeit dafür, dass die Prüfgröße in den Annahmebereich fällt, wenn H_0 richtig ist, haben wir unter Kontrolle, denn die Annahmegrenzen werden ja so gewählt, dass bei spezifischer Hypothese bzw. im spezifischen Grenzfall $p(A|H) = 1 - \alpha$ ist. Die beiden anderen Faktoren jedoch: die Wahrscheinlichkeit dafür, dass H_0 stimmt, unabhängig davon, ob die Prüfgröße in den Annahmebereich fällt, und die Wahrscheinlichkeit dafür, dass die Prüfgröße in den Annahmebereich fällt, unabhängig davon, ob H_0 stimmt, kennen wir meistens nicht. Und selbst, wenn wir sie kennten, nähme der Test keine Rücksicht auf sie; denn wie in den klassischen Schätzmethoden, so gibt es auch in den klassischen Testmethoden für Vorwissen keinen Platz.

Das führt mitunter zu absurden Resultaten, wie wir schon an unserer ersten Hypothese in Abschn. 5.1 sehen: Denn die Wahrscheinlichkeit dafür, dass eine stetige Zufallsgröße wie der mittlere Cholesterinspiegel *genau* einen bestimmten Wert annimmt, ist 0: $p(H) = 0$. Und wenn $p(H) = 0$ ist, dann ist auch $p(H|A) = 0$. Egal, wie der Test ausgeht: Die Hypothese ist so gut wie sicher falsch. Doch da der Test uns nicht erlaubt, dieses Wissen zu berücksichtigen, werden wir sie annehmen, sofern der Mittelwert in einer

Stichprobe von 100 Personen zwischen 210,2 und 229,8 liegt. Wenn wir eine Hypothese annehmen, heißt das also nicht, dass sie sicher oder mit einer bestimmten Wahrscheinlichkeit richtig ist, sondern nur, *dass die Stichprobe nicht so schlecht zur Hypothese passt, dass wir diese ablehnen müssten.* In Abschn. 5.5 haben wir gesehen, dass falsche Nullhypothesen beträchtliche Chancen haben können, einen Test zu bestehen; nämlich, wenn die Stichprobe zu klein ist, um den Unterschied zwischen hypothetischem Sachverhalt und Wirklichkeit ans Licht zu bringen. Manche Autoren sagen deshalb gar nicht, eine Nullhypothese werde *angenommen*, sondern nur, sie werde *beibehalten* oder einfach, sie werde *nicht abgelehnt*. Das soll deutlich machen, dass sie nicht *für richtig erklärt* wird.

Nun betrachten wir die Wahrscheinlichkeit dafür, dass die Nullhypothese stimmt, wenn die Prüfgröße in den Ablehnungsbereich fällt, also $p(H\,|\,\overline{A})$. Für diese gilt:

$$p(H\,|\,\overline{A}) = \frac{p(\overline{A}\,|\,H)\,p(H)}{p(\overline{A})}.$$

Wieder kennen wir von der rechten Seite nur einen Faktor: $p(\overline{A}\,|\,H) = \alpha$, und die beiden anderen nicht oder sie bleiben unberücksichtigt. Wir sind genauso schlimm dran wie im ersten Fall und können nur sagen, *dass die Stichprobe so schlecht zur Hypothese passt, dass wir diese ablehnen müssen.* Eine Ausnahme bildet hier der Fall, dass die Prüfgröße gar nicht in den Ablehnungsbereich fallen *kann*, wenn H_0 stimmt. Dann ist $p(\overline{A}\,|\,H) = 0$ und damit $p(H\,|\,\overline{A}) = 0$. Fällt nun die Prüfgröße in den Ablehnungsbereich, dann ist H_0 mit Sicherheit widerlegt. Das ist die Technik des Beweisens durch Widerspruch, die aber nur angewandt werden kann für Hypothesen wie die, dass alle Raben schwarz seien. Stimmt diese Hypothese, dann kann die Stichprobe keinen nichtschwarzen Raben enthalten; enthält sie einen, ist die Hypothese widerlegt. Doch wie eingangs besprochen, sind solche Hypothesen nicht Gegenstand statistischer Tests im üblichen Sinn.

5.7.2 Der Einfluss von Signifikanzniveau und Nullhypothese

Das Signifikanzniveau α hat Einfluss darauf, ob eine Hypothese angenommen oder abgelehnt wird. In Beispiel 5.2 wurde die Nullhypothese mit $\alpha = 0,05$ abgelehnt; mit $\alpha = 0,01$ wäre sie angenommen worden. Deshalb muss man immer dazusagen, auf welchem Niveau eine Entscheidung getroffen wurde. α ist die Wahrscheinlichkeit, die man sich für das Ablehnen der Nullhypothese erlaubt, falls diese stimmt. Je niedriger α ist, umso größere Abweichungen von dem Ergebnis, das bei richtiger Nullhypothese zu erwarten wäre, muss der Test tolerieren, und umso größere Chancen hat die Nullhypothese, den Test zu bestehen – allerdings auch, wenn sie falsch ist. Senkt man also mittels α die Wahrscheinlichkeit für das Ablehnen einer richtigen Nullhypothese, so steigt dadurch die Wahrscheinlichkeit für das Annehmen einer falschen (mit $\alpha = 0$ würde *jede* Nullhypothese angenommen). Dass man meist $\alpha = 0,05$ oder $\alpha = 0,01$ wählt, ist bloße Übereinkunft.

In Abschn. 5.6.2 haben wir gesehen, dass ein klassischer Test die Nullhypothese bevorzugt. Im Zweifelsfall wird sie angenommen, und verworfen wird sie erst, wenn die Daten deutlich – *signifikant* – gegen sie sprechen. Viele Tests, die mit Annahme der Nullhypothese enden, würden mit Annahme des Gegenteils enden, wenn dieses zur Nullhypothese erklärt würde. Dadurch wird die Frage, ob man eher an die Nullhypothese glauben sollte oder an ihr Gegenteil, unbeantwortbar. Ein klassischer Test ist also nicht imstande, unter konkurrierenden Hypothesen die plausibelste auszuzeichnen.

Ein weiteres Problem klassischer Tests ist, dass die Nullhypothese von der Stichprobe unabhängig sein muss; wir haben das in Abschn. 5.6.3 besprochen. Nun liegt aber jeder vernünftigen Hypothese eine Beobachtung zugrunde, und oft ist diese die einzige, die man hat. Viele Hypothesen ergeben sich aus Daten, die die einzigen zum Thema verfügbaren sind und damit die einzigen, mit denen man die Hypothesen testen könnte. So haben wir in Beispiel 5.2 eine Hypothese getestet, die auf der Grundlage von Milgrams Zahlen formuliert wurde, und wir haben zum Testen gerade diese Zahlen herangezogen. Für einen gültigen Test müsste man aber andere verwenden. Zur Zeit des Milgram-Experiments, in den frühen 1960er-Jahren, hätte es keine anderen gegeben, doch mittlerweile sind die Versuche mehrfach nachgestellt worden, und so können wir in Abschn. 9.3.1 das Versäumte nachholen.

5.7.3 Dualität zwischen klassischem Schätzen und Testen

Nach Abschn. 5.3.1 wird die Hypothese $\mu \geq \mu_0$ angenommen, wenn die Punktschätzung $\hat{\mu}$ von μ einen Wert μ_- nicht unterschreitet, wenn also zum Beispiel bei bekannter Varianz σ^2 von X nach (5.1) und (5.2a) gilt:

$$\hat{\mu} \geq \mu_0 - \Phi^{-1}(1-\alpha)\frac{\sigma}{\sqrt{n}}\,.$$

Diese Bedingung kann man umformen zu

$$\mu_0 \leq \hat{\mu} + \Phi^{-1}(1-\alpha)\frac{\sigma}{\sqrt{n}}\,,$$

und das heißt, dass nach (4.7b) der hypothetische Wert μ_0 im oben begrenzten $(1-\alpha)$-Konfidenzintervall für μ liegt. Ist hingegen $\hat{\mu} < \mu_-$, dann wird die Hypothese abgelehnt, und dann liegt μ_0 nicht im genannten Intervall.

Die Hypothese $\mu \geq \mu_0$ wird also genau dann angenommen, wenn μ_0 im oben begrenzten $(1-\alpha)$-Konfidenzintervall für μ liegt. Analoge Überlegungen zeigen, dass die Hypothese $\mu \leq \mu_0$ genau dann angenommen wird, wenn μ_0 im unten begrenzten, und die Hypothese $\mu = \mu_0$ genau dann, wenn μ_0 im beidseitig begrenzten $(1-\alpha)$-Konfidenzintervall für μ liegt. Man spricht hier von der Dualität zwischen Schätzen und Testen. Klassisches Schätzen und Testen sind allerdings nur dann dual zueinander, wenn die Standardabweichung der Punktschätzung gleich groß ist wie jene der Prüfgröße bei richtiger

Nullhypothese (Erstere ist für das Konfidenzintervall maßgebend, Zweitere für den Annahmebereich). Im beschriebenen Fall sind beide gleich groß, nämlich $\sigma/\sqrt{n}$. Schätzt man die Varianz von X aus der Stichprobe auf $\hat{\sigma}^2$, so betragen beide Standardabweichungen $\hat{\sigma}/\sqrt{n}$ und sind wiederum gleich groß. Für den Erwartungswert gilt also stets die Dualität. Für den Anteil gilt sie nicht, das sehen wir in den Abschn. 4.2.3 und 5.3.2: Die Standardabweichung der Punktschätzung, $\sqrt{\hat{\pi}(1-\hat{\pi})/n}$, hängt vom geschätzten Anteil $\hat{\pi}$ ab, während jene der Prüfgröße bei richtiger Nullhypothese, $\sqrt{\pi_0(1-\pi_0)/n}$, vom hypothetischen Anteil π_0 bestimmt wird, so dass die beiden im Allgemeinen verschieden sind. Dadurch konnte es geschehen, dass in Beispiel 5.2 die Hypothese $\pi = 0,75$ auf dem Niveau $\alpha = 5\%$ abgelehnt wird, obwohl der hypothetische Wert 0,75 laut Beispiel 4.6 im beidseitig begrenzten 95 %-Konfidenzintervall liegt.

Die Posterioriverteilung

Zusammenfassung

Will man in der Bayes-Statistik den wahren Wert einer Größe schätzen oder eine Hypothese betreffend diesen Wert testen, so bestimmt man zunächst die Verteilung der Größe. In Abschn. 3.7.2 haben wir festgestellt, dass es sich hier nicht um die Verteilung von Ergebnissen eines Zufallsexperiments handelt; denn der wahre Wert steht fest und ist lediglich unbekannt. Was sich verteilt, ist der Glaube an die Werte. So werden wir nach Inspektion aller verfügbaren Cholesterinspiegeldaten einen Bevölkerungsmittelwert um 200 für wahrscheinlicher halten als einen Mittelwert um 50 oder um 500. Die Verteilung, die wir nach Berücksichtigung aller Informationen erhalten, heißt *Posterioriverteilung*. Wie man zu ihr kommt, werden wir in diesem Kapitel sehen. Zu Beginn schauen wir uns an einem Beispiel an, wie man anhand der Posterioriverteilung schätzen und testen kann.

6.1 Schätzen und Testen mit der Posterioriverteilung

Beispiel 6.1 *Nehmen wir an, die Posterioriverteilung des mittleren Cholesterinspiegels C in der Bevölkerung sei eine Normalverteilung mit Mittelwert 230 und Standardabweichung 10. Gesucht ist a) eine Punktschätzung für C, b) ein beidseitig begrenztes Intervall, in dem C mit Wahrscheinlichkeit 0,95 liegt, c) die Wahrscheinlichkeit dafür, dass C bei 250 oder höher liegt.*

a) Punktschätzung für C. Die meistverwendeten bayesschen Punktschätzungen sind Mittelwert, Median und Modus der Posterioriverteilung. Bei einer Normalverteilung haben diese drei Parameter denselben Wert, und wir erhalten in jedem Fall den Schätzwert

$$\hat{c} = 230 \, .$$

W. Tschirk, *Statistik: Klassisch oder Bayes*, Springer-Lehrbuch,
DOI 10.1007/978-3-642-54385-2_6, © Springer-Verlag Berlin Heidelberg 2014

b) Beidseitig begrenztes Intervall für C. Wir wählen es symmetrisch zum Mittelwert der Verteilung und suchen daher einen zum Mittelwert symmetrischen Bereich, in dem der wahre Wert von C mit Wahrscheinlichkeit 0,95 liegt. Zu den Intervallgrenzen c_1 und c_2 gehören die Z-Werte z_1 und z_2 mit

$$\Phi(z_1) = p(C < c_1) = 0{,}025 \qquad \longrightarrow \quad z_1 = \Phi^{-1}(0{,}025) = -1{,}96 \,,$$
$$\Phi(z_2) = 1 - p(C > c_2) = 1 - 0{,}025 \quad \longrightarrow \quad z_2 = \Phi^{-1}(1 - 0{,}025) = 1{,}96 \,.$$

Damit erhalten wir:

$$c_1 = 230 - 1{,}96 \cdot 10 = 210{,}4 \,,$$
$$c_2 = 230 + 1{,}96 \cdot 10 = 249{,}6 \,.$$

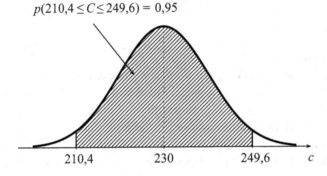

Abb. 6.1 Angenommene Posterioriverteilung des mittleren Cholesterinspiegels. Das Intervall [210,4 , 249,6] ist symmetrisch zum Mittelwert (230) gewählt

c) Wahrscheinlichkeit der Hypothese $C \geq 250$. Wir testen die Hypothese nicht im klassischen Sinn, sondern berechnen, wie wahrscheinlich sie bei Berücksichtigung aller Informationen, also unter Zugrundelegung der Posterioriverteilung, ist:

$$p(C \geq 250) = 1 - \Phi\left(\frac{250 - 230}{10}\right) = 1 - \Phi(2) = 0{,}0228 \,.$$

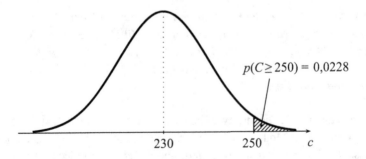

Abb. 6.2 Angenommene Posterioriverteilung des mittleren Cholesterinspiegels. Die Wahrscheinlichkeit der Hypothese $C \geq 250$ ist durch die schraffierte Fläche ausgedrückt

6.2 Wie findet man eine Posterioriverteilung?

Um eine Posterioriverteilung zu erhalten, kann man im Grunde jede Information nutzen. Der übliche Weg führt über eine Stichprobe. Wir betrachten zwei Fälle: erstens, dass die Stichprobendaten Werte einer oder mehrerer diskreter Größen sind, und zweitens, dass sie Werte einer oder mehrerer stetiger Größen sind.

6.2.1 Stichprobe diskreter Größen

Will man die Posterioriverteilung des Anteils der Pollenallergiker in der Bevölkerung ermitteln, so wird man die Pollenallergiker in einer Stichprobe zählen. Deren Anzahl (eine ganze Zahl) ist diskret, und so liefert die Stichprobe den Wert *einer diskreten* Größe. In anderen Fällen kann sie auch Werte *mehrerer diskreter* Größen liefern.

Wir bestimmen nun die Posterioriverteilung eines Parameters Θ („Theta") aus einer Stichprobe diskreter Größen $X_1, \ldots, X_n$ mit den Werten $x_1, \ldots, x_n$. Die Größen fassen wir in einen Vektor $\mathbf{X} := (X_1, \ldots, X_n)$ zusammen und ihre Werte in einen Vektor $\mathbf{x} := (x_1, \ldots, x_n)$. Für die Tatsache, dass X_1 den Wert x_1 annimmt, X_2 den Wert x_2 usw., schreiben wir $\mathbf{X} = \mathbf{x}$. Nach dem Satz von Bayes erhalten wir die Wahrscheinlichkeit dafür, dass Θ einen Wert zwischen θ und $\theta + \Delta\theta$ annimmt, wenn $\mathbf{X} = \mathbf{x}$ ist:

$$p(\theta \leq \Theta \leq \theta + \Delta\theta \mid \mathbf{X} = \mathbf{x}) = \frac{p(\mathbf{X} = \mathbf{x} \mid \theta \leq \Theta \leq \theta + \Delta\theta)\, p(\theta \leq \Theta \leq \theta + \Delta\theta)}{p(\mathbf{X} = \mathbf{x})}$$

$$= p(\theta \leq \Theta \leq \theta + \Delta\theta)\, \frac{p(\mathbf{X} = \mathbf{x} \mid \theta \leq \Theta \leq \theta + \Delta\theta)}{p(\mathbf{X} = \mathbf{x})}.$$

Wir dividieren beide Seiten durch $\Delta\theta$:

$$\frac{p(\theta \leq \Theta \leq \theta + \Delta\theta \mid \mathbf{X} = \mathbf{x})}{\Delta\theta} = \frac{p(\theta \leq \Theta \leq \theta + \Delta\theta)}{\Delta\theta}\, \frac{p(\mathbf{X} = \mathbf{x} \mid \theta \leq \Theta \leq \theta + \Delta\theta)}{p(\mathbf{X} = \mathbf{x})},$$

lassen $\Delta\theta$ gegen 0 gehen und erhalten die *Posterioridichte*

$$f(\theta \mid \mathbf{X} = \mathbf{x}) = f(\theta)\, \frac{p(\mathbf{X} = \mathbf{x} \mid \Theta = \theta)}{p(\mathbf{X} = \mathbf{x})}.$$

So, wie wir mittels (3.8) von der Wahrscheinlichkeit zur Dichte gelangt sind, haben wir hier aus einer bedingten Wahrscheinlichkeit eine bedingte Dichte erhalten und damit eine bedingte Verteilung: Die Posterioriverteilung des Parameters Θ ist dessen Verteilung unter der Bedingung $\mathbf{X} = \mathbf{x}$, dass also die Stichprobe genau die beobachteten Werte enthält.

Der Nenner der rechten Seite, $p(\mathbf{X} = \mathbf{x})$, hängt nicht von θ ab. Wir lassen ihn vorläufig unberücksichtigt und werden sehen, dass er sich am Ende von selbst ergibt. Im Augenblick genügt es, die Proportionalität

$$f(\theta \mid \mathbf{X} = \mathbf{x}) \propto f(\theta)\, p(\mathbf{X} = \mathbf{x} \mid \Theta = \theta) \tag{6.1}$$

festzustellen. Die Posterioridichte $f(\theta \mid \mathbf{X} = \mathbf{x})$ ist also proportional zur *Prioridichte* $f(\theta)$ und zur *Likelihood* $p(\mathbf{X} = \mathbf{x} \mid \Theta = \theta)$ von θ. Die Prioridichte enthält, was man *vor der Stichprobe* über Θ weiß oder annimmt, während die Information *aus der Stichprobe* in der Likelihood steckt.

6.2.2   Stichprobe stetiger Größen

Um die Posterioriverteilung des mittleren Cholesterinspiegels in der Bevölkerung zu finden, wird man die Werte in einer Stichprobe messen. Der Cholesterinspiegel jedes Probanden ist eine stetige Größe, und so liefert die Stichprobe Werte stetiger Größen.

Wir bestimmen nun die Posterioriverteilung eines Parameters Θ aus einer Stichprobe stetiger Größen $X_1, \ldots, X_n$ mit den Werten $x_1, \ldots, x_n$. Wieder fassen wir die Größen in einen Vektor $\mathbf{X} := (X_1, \ldots, X_n)$ zusammen und ihre Werte in einen Vektor $\mathbf{x} := (x_1, \ldots, x_n)$. Für die Tatsache, dass X_1 einen Wert zwischen x_1 und $x_1 + \Delta x_1$ annimmt, X_2 einen Wert zwischen x_2 und $x_2 + \Delta x_2$ usw., schreiben wir $\forall i : x_i \leq X_i \leq x_i + \Delta x_i$. Analog zum vorigen Abschnitt erhalten wir die Wahrscheinlichkeit dafür, dass Θ einen Wert zwischen θ und $\theta + \Delta \theta$ annimmt, wenn $\forall i : x_i \leq X_i \leq x_i + \Delta x_i$ gilt, nach dem Satz von Bayes:

$$
p(\theta \leq \Theta \leq \theta + \Delta\theta \mid \forall i : x_i \leq X_i \leq x_i + \Delta x_i)
$$
$$
= p(\theta \leq \Theta \leq \theta + \Delta\theta) \, \frac{p(\forall i : x_i \leq X_i \leq x_i + \Delta x_i \mid \theta \leq \Theta \leq \theta + \Delta\theta)}{p(\forall i : x_i \leq X_i \leq x_i + \Delta x_i)} .
$$

Wir dividieren beide Seiten durch $\Delta\theta$ und kürzen den Bruch auf der rechten Seite durch das Produkt der Δx_i:

$$
\frac{p(\theta \leq \Theta \leq \theta + \Delta\theta \mid \forall i : x_i \leq X_i \leq x_i + \Delta x_i)}{\Delta\theta}
$$
$$
= \frac{p(\theta \leq \Theta \leq \theta + \Delta\theta)}{\Delta\theta} \, \frac{\dfrac{p(\forall i : x_i \leq X_i \leq x_i + \Delta x_i \mid \theta \leq \Theta \leq \theta + \Delta\theta)}{\prod_{i=1}^{n} \Delta x_i}}{\dfrac{p(\forall i : x_i \leq X_i \leq x_i + \Delta x_i)}{\prod_{i=1}^{n} \Delta x_i}} .
$$

Nun lassen wir $\Delta\theta$ und alle Δx_i gegen 0 gehen und erhalten die Posterioridichte

$$
f(\theta \mid \mathbf{X} = \mathbf{x}) = f(\theta) \, \frac{f(\mathbf{x} \mid \Theta = \theta)}{f(\mathbf{x})} .
$$

Wieder hängt der Nenner der rechten Seite, hier $f(\mathbf{x})$, nicht von θ ab und kann vorerst entfallen; die verbleibende Beziehung

$$
f(\theta \mid \mathbf{X} = \mathbf{x}) \propto f(\theta) \, f(\mathbf{x} \mid \Theta = \theta) \tag{6.2}
$$

besagt, dass die Posterioridichte $f(\theta \mid \mathbf{X} = \mathbf{x})$ proportional zur Prioridichte $f(\theta)$ und zur Likelihood $f(\mathbf{x} \mid \Theta = \theta)$ von θ ist.

Sowohl mit Stichproben diskreter als auch mit Stichproben stetiger Größen gilt daher:

$$\text{Posterioridichte} \propto \text{Prioridichte} \times \text{Likelihood} \,.$$

Wie man Prioridichte und Likelihood bestimmt, besprechen wir in den Abschn. 6.4 und 6.5; wie sich daraus die Posterioridichte ergibt, im Abschn. 6.6.

6.3 Bemerkungen zur Schreibweise

In der Literatur findet man (6.2) meist in der Form

$$f(\theta \mid \mathbf{x}) \propto f(\theta)\, f(\mathbf{x} \mid \theta) \,.$$

In dieser Formulierung sind die Bedingungen $\mathbf{X} = \mathbf{x}$ und $\Theta = \theta$, dass also die Zufallsgrößen $\mathbf{X}$ und Θ die Werte $\mathbf{x}$ bzw. θ annehmen, nicht ausgeschrieben, sondern nur die Werte angegeben. Wir werden das nicht übernehmen und stattdessen die ausführliche Schreibweise beibehalten.

Wenn man in der Bayes-Statistik Parameter schätzt oder Hypothesen über sie macht, betrachtet man sie als Zufallsgrößen. Folglich schreibt man sie in Großbuchstaben, um sie von ihren Werten, geschrieben in Kleinbuchstaben, zu unterscheiden. Erwartungswerte oder Mittelwerte, aufgefasst als Zufallsgrößen, heißen dann M (der griechische Großbuchstabe „My"), Anteile heißen Π („Pi"). So schreiben wir die Aussage, ein Erwartungswert sei höchstens gleich einem bestimmten Wert μ_0, als

$$\text{M} \le \mu_0 \,.$$

Weiters verwenden wir die übliche abgekürzte Schreibung für die Aussage, dass eine Größe auf bestimmte Weise verteilt sei. Dass M normalverteilt ist mit Mittelwert 12 und Varianz 9 ($= 3^2$), schreiben wir:

$$\text{M} \sim N(12\,;3^2) \,,$$

dass Π der Betaverteilung mit $a = 2$ und $b = 3$ folgt:

$$\Pi \sim Beta(2\,;3) \,,$$

dass X gleichverteilt (uniform) im Intervall von a bis b ist:

$$X \sim U(a\,;b) \,,$$

und dass Y unter der Bedingung B normalverteilt ist mit Mittelwert μ und Varianz σ^2, schreiben wir:

$$(Y \mid B) \sim N(\mu\,;\sigma^2) \,.$$

6.4 Priorivterteilungen

6.4.1 Uniforme Priorivterteilungen

Die Priorivterteilung eines Parameters Θ, ausgedrückt durch die Prioridichte $f(\theta)$, enthält, was man vor Auswertung der Stichprobe über Θ weiß. Im Extremfall weiß man gar nichts; man kann dann jedem möglichen Wert von Θ die gleiche Plausibilität einräumen, also die gleiche Dichte zusprechen, und kommt damit zu einer uniformen Priorivterteilung mit der Dichte

$$f(\theta) = \text{const}.$$

Dass diese Wahl nicht so unproblematisch ist, wie es auf den ersten Blick scheint, werden wir sogleich in Abschn. 6.4.2 sehen. Oft ist sie aber, wenn man tatsächlich nichts über Θ weiß, die beste. Rechnen lässt sich mit der uniformen Priorivterteilung sehr leicht: Da wir Proportionalitätskonstante vorerst nicht berücksichtigen, setzen wir einfach

$$f(\theta) = 1.$$

6.4.2 Jeffreys' Priors

Wir haben in Abschn. 6.4.1 behauptet, man könnte eine uniforme Priorivterteilung wählen, wenn man nichts über den in Frage stehenden Parameter weiß und daher jeden seiner möglichen Werte gleich plausibel findet. Nun werden wir aber feststellen, dass diese Wahl einer logischen Analyse nicht standhält. Dazu denken wir uns folgenden Fall: Es wird ein neues Virus entdeckt und man möchte herausfinden, welcher Anteil aller Menschen es in sich trägt. Von vornherein weiß man nichts über diesen Anteil; es könnte sein, dass niemand das Virus trägt und der Anteil 0 ist, es könnte sein, dass alle es tragen und der Anteil 1 ist, und ebensogut könnte der Anteil jeden Wert dazwischen annehmen. Wir wählen also eine uniforme Priorivterteilung und erklären damit jeden Anteil zwischen 0 und 1 für gleich wahrscheinlich. Bei dieser Wahl erwarten wir den tatsächlichen Anteil mit 50 % Wahrscheinlichkeit zwischen 0 und 0,5 und mit der gleichen Wahrscheinlichkeit zwischen 0,5 und 1. Wenn wir aber nichts über den Anteil wissen, dann wissen wir auch nichts über das Verhältnis zwischen der Anzahl der Virusträger und der Anzahl der Nichtträger. Folgerichtig wählen wir für dieses Verhältnis eine uniforme Priorivterteilung und erklären damit jeden möglichen Wert des Verhältnisses für gleich wahrscheinlich. Das Verhältnis kann alle Werte zwischen 0 und ∞ annehmen (ist der Anteil 0, dann ist das Verhältnis 0, ist der Anteil 1, dann ist das Verhältnis ∞); damit wird die Wahrscheinlichkeit dafür, dass der wahre Wert des Verhältnisses zwischen 0 und 1 liegt, gleich 0. Nun sind wir auf einen Widerspruch gestoßen: Denn dass das Verhältnis zwischen 0 und 1 liegt, bedeutet dasselbe, wie dass der Anteil zwischen 0 und 0,5 liegt; und diesem Ereignis haben wir bei uniformer Priorivterteilung des Anteils eine Wahrscheinlichkeit von 50 % zugeschrieben. Wir haben also für ein- und dasselbe Ereignis zwei verschiedene Wahrscheinlichkeiten erhalten, je nachdem, wie wir das Ereignis *beschreiben*. Dieses Problem tritt in vielen Formen auf: Weiß man nichts über die Blattgröße einer Pflanze und wählt eine uniforme Prioriverteilung des Blatt*längen*mittelwerts, dann ergeben sich für die Blattgrößen andere Wahrscheinlichkeiten, als wenn man, bei gegebenen Proportionen, eine uniforme Prioriverteilung des Blatt*flächen*mittelwerts wählt – die aber genauso berechtigt wäre, wenn man über die Flächen der Blätter ebenso nichts weiß wie über ihre Längen. Aus der uniformen Verteilung der Frequenz einer Welle folgen andere Wahrscheinlichkeiten als aus der uniformen Verteilung ihrer Wellenlänge, aus der uniformen Verteilung der Geschwindigkeit eines Körpers andere als aus der uniformen Verteilung seiner kinetischen Energie, aus der uniformen Verteilung einer Varianz andere als aus der uniformen Verteilung der zugehörigen Standardabweichung usw., selbst wenn in all diesen Fällen die Unkenntnis der einen Größe mit der Unkenntnis der anderen Größe einhergeht und man daher beide mit dem gleichen Recht als uniform verteilt annehmen könnte.

Unwissen kann also nicht grundsätzlich durch eine uniforme Verteilung dargestellt werden. Die Frage ist, ob es überhaupt dargestellt werden kann, und wenn ja, wie. Offenbar muss eine *nichtinformative* Verteilung, also eine, die Unwissen beschreibt, in folgendem Sinn von der Formulierung unabhängig sein: Nichtinformative Verteilungen des Anteils von Virusträgern und des Verhältnisses zwischen Trägern und Nichtträgern müssen für ein- und dasselbe Ereignis zu denselben Wahrscheinlichkeiten führen; ebenso nichtinformative Verteilungen des Blattlängen- und des Blattflächenmittelwerts, der Frequenz und der Wellenlänge, der Geschwindigkeit und der kinetischen Energie, der Varianz und der Standardabweichung usw. Allgemein gesagt, müssen nichtinformative Verteilungen invariant gegenüber streng monotonen Transformationen des Parameters sein. 1946 fand der englische Mathematiker und Physiker Harold Jeffreys Verteilungen mit dieser Eigenschaft; sie heißen heute *Jeffreys' Priors* [8]. Ob sie aber auch stets Unwissen ausdrücken, darüber gehen die Meinungen auseinander: Jeffreys' Prior für den Mittelwert einer Normalverteilung ist uniform; hingegen ist Jeffreys' Prior für den Anteil eine Betaverteilung mit $a = b = 0{,}5$, und in dieser haben Werte umso höhere Dichten, je näher sie bei 0 oder 1 liegen; deshalb halten sie manche für *informativ* [3]. Andererseits sind Jeffreys' Priors durch ihre Invarianz gegenüber streng monotonen Transformationen des Parameters festgelegt und enthalten kein Wissen über diesen, so dass sie wohl zu Recht von den meisten als nichtinformativ angesehen werden [8, 10].

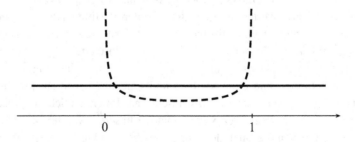

Abb. 6.3 Jeffreys' Prior für den Erwartungswert einer normalverteilten Größe (*durchgezogen*), eine uniforme; Jeffreys' Prior für den Anteil (*strichliert*), eine *Beta*(0,5 ; 0,5)-Verteilung

6.4.3   Konjugierte Prioriverteilungen

Oft hat man Vorwissen über Θ. Man kann ziemlich sicher sagen, dass in Österreich die mittlere Körpergröße von Frauen eher bei 1,65 Metern liegt als bei 1,50 oder bei 1,80 und der Anteil der Brillenträger eher bei 50 % als bei 10 % oder bei 90 %. Drückt man dieses Vorwissen durch eine Prioridichte aus, so kann es passieren, dass die resultierende Posterioridichte mathematisch schwer handhabbar wird. In Beispiel 6.1 haben wir gesehen, dass man zum Schätzen und Testen mitunter Mittelwert, Median oder Modus der Posteriorverteilung braucht und aus der Verteilung Wahrscheinlichkeiten berechnet. Solche Berechnungen werden einfacher, wenn die Prioriverteilung in passender Beziehung zur Stichprobe und damit zur Likelihood steht: Sind die Stichprobendaten normalverteilt, ist es günstig, wenn auch die Prioriverteilung normal ist, denn dann ist auch die Posteriorverteilung normal; sind sie binomialverteilt, ist es günstig, wenn die Prioriverteilung eine Betaverteilung ist, denn dann ist auch die Posteriorverteilung eine Betaverteilung (wir werden das in Abschn. 6.6 zeigen). In solchen Fällen spricht man von *konjugierten* Verteilungen. Sind Prioriverteilung und Likelihood nicht konjugiert, dann kann man die entstehenden Posteriorverteilungen oft nur mit numerischen Verfahren auswerten [8].

Auch wer sich aus rechentechnischen Gründen auf eine bestimmte, nämlich zur Likelihood konjugierte Prioriverteilung beschränkt, wird sein Vorwissen angemessen ausdrücken können, so dass der Rechenvorteil nicht zu Lasten des Inhalts geht. Das schauen wir uns nun an.

6.4.4   Parameter der Prioriverteilungen

Wie wählt man die Parameter der Prioriverteilung so, dass diese das Vorwissen so gut wie möglich widerspiegelt?

Uniforme Verteilungen sind durch den Wertebereich von Θ bestimmt, und dieser ergibt sich aus der Aufgabe: Handelt es sich bei Θ um den Mittelwert einer Normalverteilung, so umfasst der Zahlenbereich der Werte alle reellen Zahlen; handelt es sich um einen Anteil, dann laufen die möglichen Werte von 0 bis 1. Da in beiden Fällen die Grenzen nicht in die Berechnung eingehen, müssen wir uns nicht weiter um sie kümmern. Ebenso sind die Parameter von Jeffreys' Prioriverteilungen festgelegt. Wählt man aber eine informative Normal-Prioriverteilung, so muss man deren Mittelwert μ' und deren Varianz σ'^2 festlegen; wählt man eine informative Beta-Prioriverteilung, so muss man a' und b' bestimmen. (Wir kennzeichnen die Parameter der Prioriverteilung mit einem Strich.) Man kann die Priori-Parameter auf viele Arten festlegen; wir schlagen nun eine Methode vor, die sich auf Normal- und Betaverteilung und sinngemäß auch auf jede andere Verteilung anwenden lässt. Sie besteht aus zwei Schritten. Im ersten Schritt wählen wir den Modus m der Verteilung: jenen Wert von Θ, den wir unserem Vorwissen zufolge für den wahrscheinlichsten halten (genauer: dem wir die höchste Dichte zuschreiben). Im zweiten Schritt wählen wir einen vom Modus verschiedenen Vergleichswert θ_v von Θ und sagen dazu, für wie wahrscheinlich wir diesen Wert halten, gemessen am Modus (genauer: wir geben das Verhältnis der Dichten $f(\theta_v)/f(m)$ an). Mit diesen Angaben berechnen wir die Parameter der Priorverteilung wie folgt.

6.4.4.1 Parameter der Normal-Priorverteilung

Ausgehend vom Modus m, einem vom Modus verschiedenen Vergleichswert μ_v und dem Dichteverhältnis $f(\mu_v)/f(m)$, berechnen wir μ' und σ'^2.

Der Modus einer Normalverteilung ist zugleich ihr Mittelwert. Wir setzen daher $\mu' = m$. Mit dieser Festlegung, dem Vergleichswert und dem zugehörigen Dichteverhältnis ergibt sich nach (3.21):

$$\frac{f(\mu_v)}{f(m)} = \frac{\dfrac{1}{\sigma'\sqrt{2\pi}}\, e^{-\dfrac{(\mu_v - m)^2}{2\sigma'^2}}}{\dfrac{1}{\sigma'\sqrt{2\pi}}\, e^{-\dfrac{(m - m)^2}{2\sigma'^2}}} = e^{-\dfrac{(\mu_v - m)^2}{2\sigma'^2}}.$$

Daraus berechnen wir σ'^2 und erhalten, zusammengefasst:

$$\mu' = m\,, \tag{6.3a}$$

$$\sigma'^2 = -\frac{(\mu_v - m)^2}{2 \ln \dfrac{f(\mu_v)}{f(m)}}\,. \tag{6.3b}$$

Da die Dichte einer Normalverteilung überall positiv ist und überall anders kleiner als am Modus, gilt $0 < f(\mu_v)/f(m) < 1$, und so lassen sich μ' und σ'^2 immer berechnen.

6.4.4.2 Parameter der Beta-Priorverteilung

Ausgehend vom Modus m, einem vom Modus sowie von 0 und 1 verschiedenen Vergleichswert π_v und dem Dichteverhältnis $f(\pi_v)/f(m)$, berechnen wir a' und b'. Wir unterscheiden drei Fälle:

Fall 1: $m = 0$. Wegen (3.25d) ist $a' = 1$. Die Dichte $f(\pi)$ ist nach (3.24) für $\pi = 0$ nicht definiert. Um sie zu ermitteln, berechnen wir zunächst für $\pi > 0$ und $a' = 1$ die Dichte

$$f(\pi) = \frac{1}{B(1, b')}\, \pi^{1-1}(1 - \pi)^{b'-1} = b'(1 - \pi)^{b'-1}$$

und erhalten $f(0)$ als Grenzwert dieser Dichte für $\pi \to 0$:

$$f(0) = \lim_{\pi \to 0} b'(1 - \pi)^{b'-1} = b'\,.$$

Da $m = 0$ ist, ist $f(m) = f(0)$. Nun können wir aus

$$\frac{f(\pi_v)}{f(m)} = \frac{b'(1 - \pi_v)^{b'-1}}{b'} = (1 - \pi_v)^{b'-1}$$

b' bestimmen und erhalten, zusammengefasst:

$$a' = 1\,, \tag{6.4a}$$

$$b' = \frac{\ln \dfrac{f(\pi_v)}{f(m)}}{\ln(1 - \pi_v)} + 1\,. \tag{6.4b}$$

Fall 2: $m = 1$. Aufgrund (3.25d) ist $b' = 1$. Analog zu Fall 1 ergeben sich die Parameter

$$a' = \frac{\ln \dfrac{f(\pi_v)}{f(m)}}{\ln \pi_v} + 1\,, \tag{6.5a}$$

$$b' = 1\,. \tag{6.5b}$$

Fall 3: $0 < m < 1$. Hier können wir a' und b' direkt berechnen: Aus

$$m = \frac{a' - 1}{a' + b' - 2}\,,$$

$$\frac{f(\pi_v)}{f(m)} = \frac{\dfrac{1}{B(a',b')} \pi_v^{a'-1}(1 - \pi_v)^{b'-1}}{\dfrac{1}{B(a',b')} m^{a'-1}(1 - m)^{b'-1}} = \left(\frac{\pi_v}{m}\right)^{a'-1} \left(\frac{1 - \pi_v}{1 - m}\right)^{b'-1}$$

ergibt sich

$$a' = \frac{\ln \dfrac{f(\pi_v)}{f(m)}}{\ln \dfrac{\pi_v}{m} + \dfrac{1 - m}{m} \ln \dfrac{1 - \pi_v}{1 - m}} + 1\,, \tag{6.6a}$$

$$b' = \frac{\ln \dfrac{f(\pi_v)}{f(m)}}{\ln \dfrac{\pi_v}{m} + \dfrac{1 - m}{m} \ln \dfrac{1 - \pi_v}{1 - m}} \frac{1 - m}{m} + 1\,. \tag{6.6b}$$

6.5   Die Likelihood

6.5.1   Likelihood des Erwartungswerts

Gesucht ist die Likelihood des Erwartungswerts einer normalverteilten Zufallsgröße X, von der man eine Stichprobe $x_1, \ldots, x_n$ kennt. Normalverteilte Größen sind stetig; die Stichprobe besteht daher aus Werten stetiger Größen und die Likelihood von μ ist entsprechend (6.2) durch

$$f(\mathbf{x} \mid M = \mu)$$

gegeben. Wir betrachten die x_i als Werte unabhängiger Zufallsgrößen X_i. Deren gemeinsame Dichte ist dann nach (3.31) das Produkt der einzelnen Dichten. Dieses berechnen wir nun, wobei wir Proportionalitätskonstante wieder ausklammern.

Fall 1: *Die Varianz σ^2 von X ist bekannt.*

$$f(\mathbf{x} \mid M = \mu) = \prod_{i=1}^{n} f(x_i \mid M = \mu)$$

$$\propto \prod_{i=1}^{n} e^{-\dfrac{(x_i - \mu)^2}{2\sigma^2}}$$

$$= e^{-\dfrac{\sum_{i=1}^{n}(x_i - \mu)^2}{2\sigma^2}}$$

$$= e^{-\dfrac{\sum_{i=1}^{n}(x_i^2 - 2x_i\mu + \mu^2)}{2\sigma^2}}$$

$$= e^{-\dfrac{\sum_{i=1}^{n} x_i^2 - 2\left(\sum_{i=1}^{n} x_i\right)\mu + n\mu^2}{2\sigma^2}}$$

$$= e^{-\dfrac{\overline{x^2} - 2\overline{x}\mu + \mu^2}{2\sigma^2/n}} \quad .$$

Die Varianz s^2 der Stichprobe ist nach (3.28): $s^2 = \left(\sum x_i^2 - 2\sum x_i\, \overline{x} + \sum \overline{x}^2\right)/n = \overline{x^2} - \overline{x}^2$. Daraus drücken wir $\overline{x^2} = \overline{x}^2 + s^2$ aus, setzen das ein und erhalten

$$f(\mathbf{x} \mid M = \mu) \propto e^{-\dfrac{\overline{x}^2 + s^2 - 2\overline{x}\mu + \mu^2}{2\sigma^2/n}}$$

$$= e^{-\dfrac{\overline{x}^2 - 2\overline{x}\mu + \mu^2}{2\sigma^2/n}}\, e^{-\dfrac{s^2}{2\sigma^2/n}}$$

$$= e^{-\dfrac{(\overline{x} - \mu)^2}{2\sigma^2/n}}\, e^{-\dfrac{s^2}{2\sigma^2/n}} \quad .$$

Der zweite Faktor enthält μ nicht und kann bei einer Proportionalitätsbetrachtung entfallen. Der erste Faktor hängt nicht von den einzelnen Stichprobenwerten ab, sondern nur von deren Mittelwert. Es genügt daher in (6.2) anstelle der Bedingung $\mathbf{X} = \mathbf{x}$ die schwächere Bedingung $\overline{X} = \overline{x}$, und so erhalten wir die Likelihood

$$f(\overline{x} \mid \mathrm{M} = \mu) \propto e^{-\dfrac{(\overline{x} - \mu)^2}{2\sigma^2/n}} \,. \tag{6.7}$$

(Damit ist auch gezeigt, dass, wie in den Abschn. 4.2.1 und 5.1 behauptet, der Stichprobenmittelwert normalverteilt ist mit Mittelwert μ und Varianz σ^2/n.)

Fall 2: *Die Varianz von X ist unbekannt.* Dann schätzen wir sie durch die Varianz s^2 der Stichprobe nach (3.28). (Das ist eine Schätzung der klassischen Statistik; wie man das Problem innerhalb der Bayes-Statistik lösen kann, besprechen wir in Abschn. 6.8.) Für genügend große Stichproben ist der Stichprobenmittelwert annähernd normalverteilt mit Varianz s^2/n. Nun rechnen wir analog zu Fall 1 und erhalten

$$f(\overline{x} \mid \mathrm{M} = \mu) \propto e^{-\dfrac{(\overline{x} - \mu)^2}{2s^2/n}} \,. \tag{6.8}$$

6.5.2 Likelihood des Anteils

Gesucht ist die Likelihood des Anteils von Merkmalsträgern in einer Gesamtheit, wenn man in einer Stichprobe von n Elementen x Merkmalsträger findet. Die Anzahl der Merkmalsträger in der Stichprobe ist diskret; die Stichprobe liefert daher den Wert einer diskreten Größe X, und die Likelihood von π ist gemäß (6.1) durch

$$p(X = x \mid \Pi = \pi)$$

gegeben. Da X binomialverteilt ist, gilt

$$p(X = x \mid \Pi = \pi) = \binom{n}{x} \pi^x (1 - \pi)^{n-x} \,.$$

Der Faktor $\binom{n}{x}$ hängt nicht von π ab; als Proportionalität bleibt

$$p(X = x \mid \Pi = \pi) \propto \pi^x (1 - \pi)^{n-x} \,. \tag{6.9}$$

6.6 Posteriori = Priori × Likelihood

In den Abschn. 6.4 und 6.5 haben wir Prioriverteilungen und Likelihoods ermittelt. Nun kombinieren wir beide zu Posterioriverteilungen. Wir zeigen das an zwei Fällen: der Posterioriverteilung des Erwartungswerts einer normalverteilten Größe und der Posterioriverteilung des Anteils. Beide Male verwenden wir konjugierte Prioriverteilungen, denn daraus lassen sich alle uns interessierenden Fälle ableiten: Die Parameter informativer Normal- und Betaverteilungen kann man nach Abschn. 6.4.4 festlegen; die uniforme Verteilung des Erwartungswerts kann aufgefasst werden als Normalverteilung mit beliebigem Mittelwert und unendlich großer Varianz, die uniforme Verteilung des Anteils als $Beta(1\,;1)$-Verteilung, womit beide konjugiert zur jeweiligen Likelihood sind; Jeffreys' Prior für den Erwartungswert, eine uniforme Verteilung, ist nach dem soeben Gesagten gleichfalls konjugiert, und Jeffreys' Prior für den Anteil, eine $Beta(0{,}5\,;0{,}5)$-Verteilung, ohnehin.

6.6.1 Posterioriverteilung des Erwartungswerts

Gesucht ist die Posterioriverteilung des Erwartungswerts M einer normalverteilten Zufallsgröße X, von der man den Mittelwert $\overline{x}$ einer Stichprobe von n Elementen kennt, wenn man als Prioriverteilung eine Normalverteilung mit Mittelwert μ' und Varianz σ'^2 annimmt. Wir unterscheiden zwei Fälle:

Fall 1: *Die Varianz σ^2 von X ist bekannt.* In Abschn. 6.5.1 haben wir dafür die Likelihood entsprechend (6.7),

$$f(\overline{x}\mid M = \mu) \propto e^{-\dfrac{(\overline{x} - \mu)^2}{2\sigma^2/n}},$$

errechnet. Mit der Prioridichte

$$f(\mu) \propto e^{-\dfrac{(\mu - \mu')^2}{2\sigma'^2}}$$

erhalten wir nach (6.2) die Posterioridichte

$$f(\mu \mid \overline{X} = \overline{x}) \propto e^{-\dfrac{(\mu - \mu')^2}{2\sigma'^2}}\, e^{-\dfrac{(\overline{x} - \mu)^2}{2\sigma^2/n}}.$$

Nach einer längeren Umformung, die wir uns hier ersparen (man findet sie unter anderem in [3] und [8]), ergibt sich als Posterioridichte die Dichte einer Normalverteilung,

$$f(\mu \mid \overline{X} = \overline{x}) \propto e^{-\dfrac{(\mu - \mu'')^2}{2\sigma''^2}}, \tag{6.10}$$

mit den Parametern

$$\mu'' = \frac{\sigma'^2 \, \overline{x} + \dfrac{\sigma^2}{n} \, \mu'}{\sigma'^2 + \dfrac{\sigma^2}{n}} \, , \tag{6.11a}$$

$$\sigma''^2 = \frac{\sigma'^2 \, \dfrac{\sigma^2}{n}}{\sigma'^2 + \dfrac{\sigma^2}{n}} \, . \tag{6.11b}$$

(Die Parameter der Posteriorverteilungen kennzeichnen wir mit zwei Strichen.) Mittelwert und Varianz der Posteriorverteilung (μ'' und σ''^2) ergeben sich also aus Mittelwert und Varianz der Prioriverteilung (μ' und σ'^2) sowie dem Stichprobenmittelwert und dessen Varianz ($\overline{x}$ und σ^2/n). Je größer die Stichprobe ist, desto größer ist ihr Einfluss auf die Parameter der Posteriorverteilung. Die Gln. (6.11a) und (6.11b) beschreiben auch den Fall uniformer Prioriverteilung; denn eine uniforme Verteilung kann aufgefasst werden als Normalverteilung mit unendlich großer Varianz, und wenn man in (6.11a) und (6.11b) die Priori-Varianz gegen ∞ gehen lässt, ergeben sich die Werte für uniforme Prioriverteilung:

$$\mu'' = \overline{x} \, , \tag{6.12a}$$

$$\sigma''^2 = \frac{\sigma^2}{n} \, . \tag{6.12b}$$

Fall 2: *Die Varianz von X ist unbekannt.* Dann schätzen wir sie durch die Varianz s^2 der Stichprobe nach (3.28). (Das ist eine Schätzung der klassischen Statistik; wie man das Problem innerhalb der Bayes-Statistik lösen kann, besprechen wir in Abschn. 6.8.) Für genügend große Stichproben erhalten wir Resultate analog zu Fall 1, mit s^2 anstelle der unbekannten Varianz σ^2. Je größer die Stichprobe ist und je kleiner die Streuung ihrer Werte, desto größer ist ihr Einfluss auf die Parameter der Posteriorverteilung.

6.6.2   Posteriorverteilung des Anteils

Gesucht ist die Posteriorverteilung des Anteils Π von Merkmalsträgern in einer Gesamtheit, wenn man in einer Stichprobe von n Elementen x Merkmalsträger gefunden hat und als Prioriverteilung eine Betaverteilung mit den Parametern a' und b' annimmt. In Abschn. 6.5.2 haben wir die Likelihood nach (6.9),

$$p(X = x \mid \Pi = \pi) \propto \pi^x \, (1 - \pi)^{n-x} \, ,$$

abgeleitet. Mit der Prioridichte

$$f(\pi) \propto \pi^{a'-1} (1 - \pi)^{b'-1}$$

erhalten wir nach (6.1) die Posterioridichte

$$f(\pi \mid X = x) \propto \pi^{a'-1}(1-\pi)^{b'-1}\,\pi^{x}\,(1-\pi)^{n-x}$$
$$= \pi^{a'+x-1}(1-\pi)^{b'+n-x-1}\,.$$

Das ist die Dichte einer Betaverteilung,

$$f(\pi \mid X = x) \propto \pi^{a''-1}(1-\pi)^{b''-1}\,,\tag{6.13}$$

mit den Parametern

$$a'' = a' + x\,,\tag{6.14a}$$
$$b'' = b' + n - x\,.\tag{6.14b}$$

Die Parameter a'' und b'' der Posterioriverteilung erhält man also, indem man zu den Parametern a' und b' der Prioriverteilung die Anzahl x der Merkmalsträger bzw. die Anzahl $n - x$ der Nichtmerkmalsträger in der Stichprobe addiert. Die Gl. (6.14a) und (6.14b) beschreiben auch den Fall uniformer Prioriverteilung; denn eine uniforme Beta-Prioriverteilung hat die Parameter $a' = 1$ und $b' = 1$, und mit diesen ergeben sich die Posteriori-Parameter für uniforme Prioriverteilung:

$$a'' = 1 + x\,,\tag{6.15a}$$
$$b'' = 1 + n - x\,.\tag{6.15b}$$

Während des gesamten Kapitels haben wir Proportionalitätskonstante unberücksichtigt gelassen und dies damit begründet, dass sie sich am Ende von selbst ergeben. Nun sehen wir, warum das so ist: Es folgt nämlich aus (6.10) und (6.11a), (6.11b), dass die Posterioriverteilung von M eine Normalverteilung mit gegebenem Mittelwert und gegebener Varianz ist, und damit ist sie nach (3.21) vollständig festgelegt; und ebenso zeigen (6.13) und (6.14a), (6.14b), dass die Posterioriverteilung von Π eine Betaverteilung mit gegebenen Parametern ist, und damit ist sie nach (3.24) vollständig bestimmt.

6.7 Posterioriverteilungen von Differenzen

Für Schätzungen oder Tests betreffend die Differenz zweier Erwartungswerte oder die Differenz zweier Anteile brauchen wir die Posterioriverteilung dieser Differenz. Wir erhalten sie (für normalverteilte Erwartungswerte exakt, für betaverteilte Anteile näherungsweise) aus den Posterioriverteilungen der einzelnen Erwartungswerte bzw. der einzelnen Anteile.

Sind die Posterioriverteilungen zweier Erwartungswerte M_X und M_Y normal, so ist auch die Posterioriverteilung ihrer Differenz normal. Wenn M_X und M_Y voneinander unabhängig sind, die Posterioriverteilung von M_X den Mittelwert μ''_{M_X} und die Varianz $\sigma''^{2}_{M_X}$

hat und die Posterioriverteilung von M_Y den Mittelwert μ''_{M_Y} und die Varianz $\sigma''^2_{M_Y}$, dann erhalten wir Mittelwert und Varianz der Posterioriverteilung von $M_X - M_Y$ aus (3.17) und (3.18):

$$\mu''_{M_X-M_Y} = E(M_X - M_Y)$$
$$= E(M_X + (-1) \cdot M_Y)$$
$$= E(M_X) + (-1) \cdot E(M_Y)$$
$$= E(M_X) - E(M_Y)$$
$$= \mu''_{M_X} - \mu''_{M_Y},$$
$$\sigma''^2_{M_X-M_Y} = V(M_X - M_Y)$$
$$= V(M_X + (-1) \cdot M_Y)$$
$$= V(M_X) + (-1)^2 \cdot V(M_Y)$$
$$= V(M_X) + V(M_Y)$$
$$= \sigma''^2_{M_X} + \sigma''^2_{M_Y}.$$

Die Posterioriverteilung der Differenz zweier Anteile Π_X und Π_Y kann keine Betaverteilung sein; denn die möglichen Werte von $\Pi_X - \Pi_Y$ reichen von -1 bis 1, während betaverteilte Größen nur Werte von 0 bis 1 haben können. Da eine genaue Posterioriverteilung von $\Pi_X - \Pi_Y$ schwer zu ermitteln ist, begnügen wir uns mit einer Näherung für große Stichproben. In Abschn. 3.4.3 haben wir festgestellt, dass eine Betaverteilung mit $a, b \geq 20$ für die meisten Zwecke brauchbar durch eine Normalverteilung angenähert werden kann, die denselben Mittelwert und dieselbe Varianz wie die Betaverteilung hat. Denken wir uns solche Näherungen für die Posterioriverteilungen von Π_X und Π_Y durchgeführt, dann erhalten wir für $\Pi_X - \Pi_Y$ näherungsweise eine Normalverteilung, deren Mittelwert und Varianz sich nach analoger Überlegung wie oben gemäß (3.17) und (3.18) ergeben:

$$\mu''_{\Pi_X-\Pi_Y} = \mu''_{\Pi_X} - \mu''_{\Pi_Y},$$
$$\sigma''^2_{\Pi_X-\Pi_Y} = \sigma''^2_{\Pi_X} + \sigma''^2_{\Pi_X}.$$

6.8 Störparameter

In den Abschn. 6.5.1 und 6.6.1 haben wir Aussagen über den Erwartungswert einer Zufallsgröße getroffen, und dazu hätten wir eigentlich deren Varianz kennen müssen. Wir haben dort jeweils in Fall 2 gezeigt, was man tun kann, wenn man die Varianz nicht kennt: nämlich an ihre Stelle die Varianz der Stichprobe setzen. Damit haben wir zu einer Schätzung der klassischen Statistik gegriffen. Wir hätten das Problem auch im Rahmen der Bayes-Statistik lösen können, und zwar über eine *gemeinsame* Posterioriverteilung der beiden unbekannten Parameter Erwartungswert und Varianz. Da wir gemeinsame Verteilungen mehrerer Größen nicht so eingehend besprochen haben wie Verteilungen einer einzigen Größe, übersteigt diese Methode den Rahmen des Buches, und wir werden sie nur kurz skizzieren.

Allgemein betrachtet, liegt folgendes Problem vor: Damit man Aussagen über einen unbekannten Parameter Θ treffen kann, muss man entweder die Werte aller anderen maßgeblichen Parameter kennen oder deren Einfluss eliminieren. Maßgebliche Parameter $\Psi_1, \ldots, \Psi_m$ (Ψ: „Psi"), an denen man nicht direkt interessiert ist, die aber eine Aussage über Θ beeinflussen, bezeichnet man als *Störparameter*. Ihren Einfluss kann man dadurch eliminieren, dass man eine gemeinsame Posterioriverteilung *aller* Parameter, ausgedrückt durch die Dichte

$$f(\theta, \psi_1, \ldots, \psi_m \mid \mathbf{X} = \mathbf{x}),$$

ermittelt und über die Bereiche der Störparameterwerte $\psi_1, \ldots, \psi_m$ (ψ: „psi") integriert. Die Posterioridichte von Θ ergibt sich dann als

$$f(\theta \mid \mathbf{X} = \mathbf{x}) = \int\limits_{-\infty}^{\infty} \cdots \int\limits_{-\infty}^{\infty} f(\theta, \psi_1, \ldots, \psi_m \mid \mathbf{X} = \mathbf{x})\, d\psi_1 \ldots d\psi_m.$$

In unseren Beispielen ist der interessierende Parameter der Erwartungswert einer normalverteilten Zufallsgröße und der (einzige) Störparameter deren Varianz. Durch Integrieren der gemeinsamen Dichte über den Wertebereich der Varianz würden wir die Posterioridichte des Erwartungswerts erhalten:

$$f(\mu \mid \mathbf{X} = \mathbf{x}) = \int\limits_{0}^{\infty} f(\mu, \sigma^2 \mid \mathbf{X} = \mathbf{x})\, d\sigma^2.$$

(Ebenso erhielte man durch Integrieren der gemeinsamen Dichte über den Wertebereich des Erwartungswerts die Posterioridichte der Varianz.) Die exakte Posterioriverteilung des Erwartungswerts ist eine t-Verteilung [18]. Statt ihrer haben wir eine Näherung gewählt: eine Normalverteilung wie schon in der klassischen Statistik bei unbekannter Varianz, weil sich die Normalverteilung für große Stichproben nur wenig von der t-Verteilung unterscheidet.

6.9 Posterioriverteilungen, zusammengefasst

6.9.1 Posterioriverteilung des Erwartungswerts

Gesucht ist die Posterioriverteilung des Erwartungswerts M einer normalverteilten Zufallsgröße X, von der man den Mittelwert $\bar{x}$ einer Stichprobe von n Elementen kennt. σ^2 ist die Varianz von X, s^2 die Varianz der Stichprobe.

6.9.1.1   Varianz von X bekannt, uniforme Prioriverteilung

Prioriverteilung: $$M \sim U(-\infty\,;\infty)\,,$$ (6.16a)

Posterioriverteilung: $$(M\,|\,\overline{X} = \overline{x}) \sim N(\mu'';\sigma''^2)\,,$$ (6.16b)

Posteriori-Parameter: $$\mu'' = \overline{x}\,,$$ (6.16c)

$$\sigma''^2 = \frac{\sigma^2}{n}\,.$$ (6.16d)

6.9.1.2   Varianz von X bekannt, Normal-Prioriverteilung

Prioriverteilung: $$M \sim N(\mu';\sigma'^2)\,,$$ (6.17a)

Posterioriverteilung: $$(M\,|\,\overline{X} = \overline{x}) \sim N(\mu'';\sigma''^2)\,,$$ (6.17b)

Posteriori-Parameter: $$\mu'' = \frac{\sigma'^2\,\overline{x} + \dfrac{\sigma^2}{n}\,\mu'}{\sigma'^2 + \dfrac{\sigma^2}{n}}\,,$$ (6.17c)

$$\sigma''^2 = \frac{\sigma'^2\,\dfrac{\sigma^2}{n}}{\sigma'^2 + \dfrac{\sigma^2}{n}}\,.$$ (6.17d)

6.9.1.3   Varianz von X unbekannt, uniforme Prioriverteilung

Prioriverteilung: $$M \sim U(-\infty\,;\infty)\,,$$ (6.18a)

Posterioriverteilung: $$(M\,|\,\overline{X} = \overline{x}) \sim N(\mu'';\sigma''^2)\,,$$ (6.18b)

Posteriori-Parameter: $$\mu'' = \overline{x}\,,$$ (6.18c)

$$\sigma''^2 = \frac{s^2}{n}\,.$$ (6.18d)

Diese Posterioriverteilung gilt näherungsweise für große Stichproben.

6.9.1.4   Varianz von X unbekannt, Normal-Prioriverteilung

Prioriverteilung: $$M \sim N(\mu';\sigma'^2)\,,$$ (6.19a)

Posterioriverteilung: $$(M\,|\,\overline{X} = \overline{x}) \sim N(\mu'';\sigma''^2)\,,$$ (6.19b)

Posteriori-Parameter: $$\mu'' = \frac{\sigma'^2\,\overline{x} + \dfrac{s^2}{n}\,\mu'}{\sigma'^2 + \dfrac{s^2}{n}}\,,$$ (6.19c)

$$\sigma''^2 = \frac{\sigma'^2\,\dfrac{s^2}{n}}{\sigma'^2 + \dfrac{s^2}{n}}\,.$$ (6.19d)

Diese Posterioriverteilung gilt näherungsweise für große Stichproben.

6.9.2 Posterioriverteilung des Anteils

Gesucht ist die Posterioriverteilung des Anteils Π von Merkmalsträgern in einer Gesamtheit, wenn man in einer Stichprobe von n Elementen x Merkmalsträger gefunden hat.

6.9.2.1 Uniforme Prioriverteilung

Prioriverteilung:	$\Pi \sim U(0\,;1)\,,$	(6.20a)
Posterioriverteilung:	$(\Pi \mid X = x) \sim Beta(a''; b'')\,,$	(6.20b)
Posteriori-Parameter:	$a'' = 1 + x\,,$	(6.20c)
	$b'' = 1 + n - x\,.$	(6.20d)

6.9.2.2 Beta-Prioriverteilung

Prioriverteilung:	$\Pi \sim Beta(a'; b')\,,$	(6.21a)
Posterioriverteilung:	$(\Pi \mid X = x) \sim Beta(a''; b'')\,,$	(6.21b)
Posteriori-Parameter:	$a'' = a' + x\,,$	(6.21c)
	$b'' = b' + n - x\,.$	(6.21d)

6.9.2.3 Normalverteilungsnäherung
Für $a'', b'' \geq 20$ entspricht die Beta-Posterioriverteilung annähernd einer Normalverteilung mit

$$\mu'' = \frac{a''}{a'' + b''}\,, \tag{6.22a}$$

$$\sigma''^2 = \frac{a''b''}{(a'' + b'')^2(a'' + b'' + 1)}\,. \tag{6.22b}$$

6.9.3 Posterioriverteilung der Differenz zweier Erwartungswerte

Gesucht ist die Posterioriverteilung der Differenz $M_X - M_Y$ zweier voneinander unabhängiger Erwartungswerte, deren Normal-Posterioriverteilungen bekannt sind.

$$(M_X \mid \overline{X} = \overline{x}) \sim N(\mu''_{M_X}; \sigma''^2_{M_X})\,, \tag{6.23a}$$

$$(M_Y \mid \overline{Y} = \overline{y}) \sim N(\mu''_{M_Y}; \sigma''^2_{M_Y})\,, \tag{6.23b}$$

$$(M_X - M_Y \mid (\overline{X} = \overline{x})(\overline{Y} = \overline{y})) \sim N(\mu''_{M_X-M_Y}; \sigma''^2_{M_X-M_Y})\,, \tag{6.23c}$$

$$\mu''_{M_X-M_Y} = \mu''_{M_X} - \mu''_{M_Y}\,, \tag{6.23d}$$

$$\sigma''^2_{M_X-M_Y} = \sigma''^2_{M_X} + \sigma''^2_{M_Y}\,. \tag{6.23e}$$

Sind die Posterioriverteilungen von M_X und M_Y exakt, so auch die von $M_X - M_Y$; andernfalls gilt sie näherungsweise für große Stichproben.

6.9.4   Posterioriverteilung der Differenz zweier Anteile

Gesucht ist die Posterioriverteilung der Differenz $\Pi_X - \Pi_Y$ zweier voneinander unabhängiger Anteile, von denen man die Normalverteilungsnäherungen für die Beta-Posterioriverteilungen kennt.

$$(\Pi_X \mid X = x) \sim N(\mu_{\Pi_X}''; \sigma_{\Pi_X}''^2),$$ (6.24a)

$$(\Pi_Y \mid Y = y) \sim N(\mu_{\Pi_Y}''; \sigma_{\Pi_Y}''^2),$$ (6.24b)

$$(\Pi_X - \Pi_Y \mid (X = x)(Y = y)) \sim N(\mu_{\Pi_X - \Pi_Y}''; \sigma_{\Pi_X - \Pi_Y}''^2),$$ (6.24c)

$$\mu_{\Pi_X - \Pi_Y}'' = \mu_{\Pi_X}'' - \mu_{\Pi_Y}'',$$ (6.24d)

$$\sigma_{\Pi_X - \Pi_Y}''^2 = \sigma_{\Pi_X}''^2 + \sigma_{\Pi_Y}''^2.$$ (6.24e)

Diese Posterioriverteilung gilt näherungsweise für große Stichproben.

6.10   Beispiele zur Posterioriverteilung

Beispiel 6.2 *Wir ermitteln auf der Grundlage von Semmelweis' Daten in Abschn. 1.3.1 und dem damaligen Vorwissen: a) Posterioriverteilungen der Anteile der tödlich verlaufenden Entbindungen ohne und mit Chlorwaschung sowie b) eine Posterioriverteilung der Differenz dieser Anteile.*

a) Erst suchen wir Prioriverteilungen der Sterberaten, die das Wissen vor Auswertung der in Abschn. 1.3.1 angeführten Stichprobe widerspiegeln. In Semmelweis' Arbeiten finden sich hunderte Jahresberichte europäischer Geburtskliniken, hauptsächlich aus London, Dublin, Edinburgh und Wien. Die Sterberaten variieren stark; so starben im Londoner General Lying-In Hospital im Jahr 1838 mehr als 26 % aller Gebärenden an Kindbettfieber, von 1844 bis 1846 hingegen keine einzige. Die Aufzeichnungen sind unvollständig, oft war die Todesursache unklar. Doch nimmt man alles zusammen, könnte man eine Sterberate um 2,1 % für die wahrscheinlichste halten, eine um 3 % für halb so wahrscheinlich. Das gilt für Entbindungen ohne Chlorwaschung *und* für solche mit Chlorwaschung, denn der Einfluss des Waschens war vor der Stichprobe unbekannt. Davon ausgehend, ermitteln wir die Parameter a' und b' einer Beta-Prioriverteilung (also einer konjugierten) für beide Anteile nach Abschn. 6.4.4.2. Unsere Einschätzung des Vorwissens bedeutet:

$$m = 0{,}021,$$

$$\pi_v = 0{,}03,$$

$$\frac{f(\pi_v)}{f(m)} = 0{,}5.$$

Wegen $0 < m < 1$ liegt Fall 3 vor. Aus (6.6a) und (6.6b) folgt, auf ganze Zahlen gerundet:

$$a' = \frac{\ln 0,5}{\ln \dfrac{0,03}{0,021} + \dfrac{1-0,021}{0,021} \ln \dfrac{1-0,03}{1-0,021}} + 1 = 10\,,$$

$$b' = \frac{\ln 0,5}{\ln \dfrac{0,03}{0,021} + \dfrac{1-0,021}{0,021} \ln \dfrac{1-0,03}{1-0,021}} \cdot \frac{1-0,021}{0,021} + 1 = 438\,.$$

Die Entbindungen ohne Chlorwaschung indizieren wir mit X, jene mit Chlorwaschung mit Y. Semmelweis' Stichprobe besteht aus den $n_X = 20.042$ Entbindungen mit $x = 1989$ Sterbefällen vor Einführung der Chlorwaschungen und den $n_Y = 56.104$ Entbindungen mit $y = 1883$ Sterbefällen nach deren Einführung. Die Posteriori-Parameter der Anteile Π_X und Π_Y ergeben sich nach (6.21c) und (6.21d):

$$a''_{\Pi_X} = 10 + 1989 = 1999\,,$$

$$b''_{\Pi_X} = 438 + 20.042 - 1989 = 18.491\,,$$

$$a''_{\Pi_Y} = 10 + 1883 = 1893\,,$$

$$b''_{\Pi_Y} = 438 + 56.104 - 1883 = 54.659\,.$$

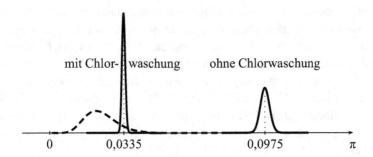

Abb. 6.4 Prioriverteilung (*strichliert*) und Posterioriverteilungen (*durchgezogen*) der Anteile tödlich verlaufender Entbindungen nach Semmelweis 1862. Die Modi der Posterioriverteilungen sind, nach (3.25d), 0,0335 und 0,0975

In diesem Beispiel wirkt sich die Prioriverteilung kaum auf die Posterioriverteilungen aus. Da die Stichproben so groß sind, werden die Posteriori-Parameter hauptsächlich von ihnen bestimmt, und so bleibt von der Fehleinschätzung, die in der Prioriverteilung zum Ausdruck kommt, beinahe nichts mehr übrig.

Beide Posterioriverteilungen können durch Normalverteilungen mit Parametern gemäß (6.22a) und (6.22b) angenähert werden:

$$\mu''_{\Pi_X} = \frac{1999}{1999 + 18.491} = 0,0976 \,,$$

$$\sigma''^2_{\Pi_X} = \frac{1999 \cdot 18.491}{(1999 + 18.491)^2 \cdot (1999 + 18.491 + 1)} = 0,00000430 \,,$$

$$\mu''_{\Pi_Y} = \frac{1893}{1893 + 54.659} = 0,0335 \,,$$

$$\sigma''^2_{\Pi_Y} = \frac{1893 \cdot 54.659}{(1893 + 54.659)^2 \cdot (1893 + 54.659 + 1)} = 0,00000057 \,.$$

b) Damit ergibt sich nach (6.24d) und (6.24e) für die Posterioriverteilung der Differenz eine Normalverteilung mit

$$\mu''_{\Pi_X - \Pi_Y} = 0,0976 - 0,0335 = 0,0641 \,,$$

$$\sigma''^2_{\Pi_X - \Pi_Y} = 0,00000430 + 0,00000057 = 0,00000487 \,.$$

□

Beispiel 6.3 *Wir ermitteln anhand von Millikans Daten in Abschn. 1.3.2 und dem damaligen Vorwissen eine Posterioriverteilung des Erwartungswerts der Elementarladungsmessung unter den Bedingungen des damaligen Experiments.*

Zunächst suchen wir eine Prioriverteilung. Wir wählen dafür eine Normalverteilung, da die Messwerte nach dem gaußschen Fehlergesetz annähernd normalverteilt sind und eine normale und somit konjugierte Prioriverteilung das Rechnen erleichtert. Behandeln wir das Beispiel aus der Sicht von Millikan, dann muss die Prioriverteilung dessen Vorwissen widerspiegeln. Dieses bestand hauptsächlich aus der Kenntnis zuvor publizierter Werte für die Elementarladung. Millikan zitiert vier; wir führen sie, wie immer, in Coulomb an: $1,631 \cdot 10^{-19}$ (Millikan 1911), $1,414 \cdot 10^{-19}$ (Perrin 1911), $1,671 \cdot 10^{-19}$ (Fletcher 1911) und $1,568 \cdot 10^{-19}$ (Svedberg 1912). Diese Ergebnisse verwenden wir nun zum Bestimmen der Priori-Parameter nach Abschn. 6.4.4.1.

Ohne weitere Information liegt es nahe, ihren Mittelwert, $1,5710 \cdot 10^{-19}$, für den plausibelsten Wert zu halten und ihm die größte Dichte zuzuschreiben; wir betrachten ihn deshalb als Modus der Prioriverteilung. Perrins Wert ist deutlich niedriger als die anderen drei. Da es unwahrscheinlich ist, dass der wahre Wert noch niedriger ist als der von Perrin, schreiben wir solchen Werten nur kleine Dichten zu; beispielsweise gestehen wir dem Wert $1,4 \cdot 10^{-19}$ gerade 1 % der Dichte des Modus zu. Aus diesen Einschätzungen,

$$m = 1,5710 \cdot 10^{-19} \,,$$

$$\mu_v = 1,4 \cdot 10^{-19} \,,$$

$$\frac{f(\mu_v)}{f(m)} = 0,01 \,,$$

folgt nach (6.3a) und (6.3b):

$$\mu' = 1{,}5710 \cdot 10^{-19},$$

$$\sigma'^2 = -\frac{(1{,}4 \cdot 10^{-19} - 1{,}5710 \cdot 10^{-19})^2}{2 \ln 0{,}01} = 3{,}2 \cdot 10^{-41}.$$

Damit ist die Prioriverteilung festgelegt.

Von der Stichprobe, Millikans $n = 23$ Messungen, sind Mittelwert und Varianz bekannt:

$$\overline{x} = 1{,}5924 \cdot 10^{-19},$$

$$s^2 = (0{,}0031 \cdot 10^{-19})^2 = 9{,}6 \cdot 10^{-44}.$$

Da wir nur die Varianz der Stichprobe kennen, nicht aber die Varianz der Gesamtheit aller denkbaren Messungen, ergeben sich die Parameter der Posterioriverteilung nach (6.19c) und (6.19d):

$$\mu'' = \frac{3{,}2 \cdot 10^{-41} \cdot 1{,}5924 \cdot 10^{-19} + \dfrac{9{,}6 \cdot 10^{-44}}{23} \cdot 1{,}5710 \cdot 10^{-19}}{3{,}2 \cdot 10^{-41} + \dfrac{9{,}6 \cdot 10^{-44}}{23}} = 1{,}5924 \cdot 10^{-19},$$

$$\sigma''^2 = \frac{3{,}2 \cdot 10^{-41} \cdot \dfrac{9{,}6 \cdot 10^{-44}}{23}}{3{,}2 \cdot 10^{-41} + \dfrac{9{,}6 \cdot 10^{-44}}{23}} = 4{,}2 \cdot 10^{-45}.$$

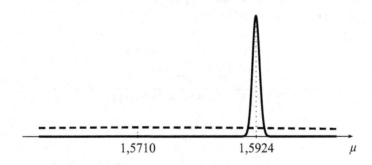

Abb. 6.5 Prioriverteilung (*strichliert*) und Posterioriverteilung (*durchgezogen*) des Erwartungswerts der Elementarladungsmessung nach Millikan 1913 (Mittelwerte in 10^{-19} Coulomb)

Die Prioriverteilung hat eine so große Varianz, dass sie im interessierenden Wertebereich fast uniform ist (Abb. 6.5). Das kommt daher, dass sie auf ziemlich vagem Vorwissen beruht: auf 4 Messwerten, die beträchtlich streuen. Die 23 Stichprobenwerte streuen viel weniger, und daher wird die Posterioriverteilung überwiegend von ihnen bestimmt. ☐

Beispiel 6.4 *Wir bestimmen anhand von Milgrams Daten in Abschn. 1.3.3 und dem damaligen Vorwissen eine Posteriorivertilung des Anteils der Gehorsamen.*

Vor Milgrams Versuchen wusste man nichts über den Anteil Π der Gehorsamen. Wir drücken dieses Unwissen durch eine nichtinformative konjugierte Prioriverteilung aus: Jeffreys' Prior, also eine Betaverteilung mit $a' = b' = 0{,}5$. Milgrams Stichprobe umfasst $n = 80$ Personen, darunter $x = 52$ Gehorsame. Die Beta-Posteriorivertilung ergibt sich daraus nach (6.21c) und (6.21d):

$$a'' = 0{,}5 + 52 = 52{,}5 \, ,$$
$$b'' = 0{,}5 + 80 - 52 = 28{,}5 \, .$$

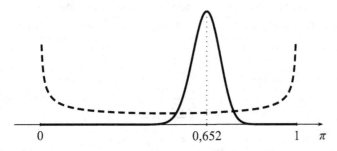

Abb. 6.6 Prioriverteilung (*strichliert*) und Posteriorivertilung (*durchgezogen*) des Anteils der Gehorsamen nach Milgram 1974. Der Modus der Posteriorivertilung ist nach (3.25d) gleich 0,652

Wir bestimmen noch die Normalverteilungsnäherung für die Posteriorivertilung. Deren Parameter sind nach (6.22a) und (6.22b):

$$\mu'' = \frac{52{,}5}{52{,}5 + 28{,}5} = 0{,}648 \, ,$$
$$\sigma''^2 = \frac{52{,}5 \cdot 28{,}5}{(52{,}5 + 28{,}5)^2 \cdot (52{,}5 + 28{,}5 + 1)} = 0{,}00278 \, .$$

$\square$

6.11 Analyse des Begriffs der Posteriorivertilung

Von der Verteilung eines Parameters Θ, dessen Wert feststeht und lediglich unbekannt ist, kann man nur sprechen, wenn man diesen Parameter als Zufallsgröße auffasst. Das ist der subjektivistische Standpunkt, auf dem die Bayes-Statistik ruht und den wir in diesem und den folgenden Kapiteln einnehmen. Die gegenteilige Ansicht, eine feststehende Größe sei *keine* Zufallsgröße, wurde in den Abschn. 3.7.1 und 4.3.2 besprochen.

Die Posterioriverteilung drückt den Glauben an die möglichen Werte von Θ aus, der sich aus all dem ergibt, was wir über Θ wissen: Nach Berücksichtigung aller Informationen, speziell unseres Vorwissens und einer Stichprobe, werden wir manche Werte für wahrscheinlicher halten als andere. Wenn wir sagen, Θ habe eine bestimmte Verteilung, dann meinen wir also nicht, dass Θ gewisse Werte häufiger annimmt als andere, sondern dass wir den wahren Wert von Θ eher in diesem als in jenem Bereich vermuten.

6.11.1 Das Problem der Prioriverteilung

Die Ableitung der Posterioriverteilung aus der Prioriverteilung, die das Vorwissen widerspiegelt, und der Likelihood, die aus der Stichprobe folgt, verwendet nur die Regeln der Wahrscheinlichkeitsrechnung und steht außer Zweifel. Auch ihre zweite Komponente, die Likelihood, ist eine akzeptierte Größe. Problematisch ist hingegen die Prioriverteilung. Sie soll das Vorwissen enthalten, und zwar in einer Weise, die nicht von der handelnden Person abhängt: Wenn zwei Personen denselben Wissensstand haben, dann sollen sie auch zur selben Prioriverteilung kommen. Damit dieses Ideal erreicht wird, muss es aber gelingen, aus der gesamten Vorinformation eine Prioriverteilung zu *berechnen*. Davon kann heute keine Rede sein. Sucht ein Statistiker eine Prioriverteilung der mittleren Körpergröße österreichischer Frauen, dann besteht sein Vorwissen aus sämtlichen Eindrücken, die er im Lauf des Lebens in Bezug auf Körpergrößen empfangen hat. Selbst wenn man eine genaue Beschreibung aller dieser Eindrücke hätte, wüsste niemand, wie er daraus eine Prioriverteilung ermitteln sollte. Wir müssen uns also mit einer groben Wiedergabe des Vorwissens begnügen und haben niemals *die*, sondern immer nur *eine* Prioriverteilung; nämlich eine, die das Vorwissen *ungefähr* repräsentiert. Vorwissen ist vermutlich in keinem realen Fall durch eine Prioriverteilung exakt ausdrückbar.

Dazu kommt, dass Prioriverteilungen, die auf Vorwissen beruhen, neben dem Vor*wissen* meist auch ein Vor*glauben* enthalten, also ein Vorurteil, das selbst die oder der Gewissenhafteste nicht vermeiden kann. Mitunter führt das zu Einschätzungen, die sich im Nachhinein als völlig unvereinbar mit den Tatsachen erweisen, wie jene in Beispiel 6.2: Hätte einer der führenden Experten Mitte des neunzehnten Jahrhunderts das Kindbettfieberproblem mit bayesscher Statistik untersucht, so hätte er wohl für die Sterberate bei Entbindungen ohne Chlorwaschung eine ähnliche Prioriverteilung gewählt und erst nach Betrachten von Semmelweis' Daten festgestellt, dass er falsch lag. An seiner Prioriverteilung hätte die späte Einsicht nichts geändert, denn die Prioriverteilung darf nicht nachträglich den Daten angepasst werden (sie gibt ja nach Abschn. 6.2 Wahrscheinlichkeiten dafür an, dass Θ diese und jene Werte annimmt, *unabhängig von den Daten*).

Nun haben wir in Beispiel 6.2 gesehen, dass die Stichprobe, sofern sie groß und damit aussagekräftig genug ist, selbst eine krasse Fehleinschätzung korrigiert in dem Sinn, dass die Posterioriverteilung beinahe vollständig der Likelihood und damit den Daten folgt. Ist es unter diesen Umständen überhaupt sinnvoll, Vorwissen mit einzubeziehen? Betrachten wir dazu nochmals das Beispiel 6.3. Wir kommen dort zwar nur zu einer unter vielen möglichen Prioriverteilungen; aber immerhin drückt sie aus, was man wusste: dass die Elementarladung ziemlich sicher zwischen $1{,}5 \cdot 10^{-19}$ und $1{,}7 \cdot 10^{-19}$ Coulomb liegt und noch viel sicherer zwischen $1{,}4 \cdot 10^{-19}$ und $1{,}8 \cdot 10^{-19}$ Coulomb. Vergleichen wir das Entstehen dieser „richtigen" Prioriverteilung mit jenem der „falschen" aus Beispiel 6.2, so sehen wir, dass Erstere auf halbwegs repräsentativen Messungen beruht, während Letztere vorwiegend auf Daten basiert, die vor der Einführung des Sezierens gewonnen und irrtümlich auf die völlig andere Situation nach der Einführung übertragen wurden. Daraus ziehen wir den Schluss, dass informative Prioriverteilungen hilfreich sind, sofern sie sich aus der fehlerfreien Verarbeitung von Wissen ergeben, aber riskant, wenn man, bewusst oder unbewusst, Annahmen trifft.

Eine überzeugende Rechtfertigung des Verwendens von Prioriverteilungen erhalten wir, wenn wir eine Posterioriverteilung für den wahren Wert der Elementarladung aus dem heutigen Wissen und Millikans Daten ableiten. Wir gehen wie in Beispiel 6.3 vor, nehmen aber als Priori-Parameter die heute gültigen Werte zur Elementarladung: $\mu' = 1{,}602176565 \cdot 10^{-19}$, $\sigma'^2 = 1{,}225 \cdot 10^{-53}$ [17]. Damit erhalten wir Posteriori-Parameter, die *bis zur letzten dargestellten Dezimalstelle* mit den Priori-Parametern übereinstimmen. Hier haben Millikans Daten so gut wie keinen Einfluss auf die Posterioriverteilung, weil die Prioriverteilung mit ihrer geringen Varianz viel mehr Wissen verkörpert, als in Millikans wenigen und vergleichsweise stark streuenden Werten steckt.

Beinahe noch schwieriger, als *Vorwissen* richtig auszudrücken, ist es, *Unwissen* richtig auszudrücken. Weiß man nichts über Θ, dann scheint es auf den ersten Blick vernünftig, jedem seiner möglichen Werte die gleiche Dichte zuzuschreiben, also eine uniforme Prioriverteilung zu wählen. Wir haben jedoch in Abschn. 6.4.2 gesehen, dass diese Entscheidung nicht haltbar ist, da sie zu verschiedenen Wahrscheinlichkeiten für ein- und dasselbe Ereignis führen kann, abhängig davon, in welchen Begriffen man das Unwissen über Θ formuliert: Weiß man nichts über einen Anteil von Merkmalsträgern und wählt für ihn eine uniforme Prioriverteilung, so erhält man andere Wahrscheinlichkeiten als bei uniformer Prioriverteilung des Verhältnisses zwischen der Anzahl der Merkmalsträger und jener der Nichtträger; obwohl man auch über dieses Verhältnis nichts weiß und es daher als uniform verteilt ansehen könnte. Solche Widersprüche ergeben sich überall dort, wo man über *zwei oder mehr* Größen nichts weiß, aber nicht alle zugleich uniform verteilt sein können.

Um Unwissen über einen Parameter konsistent darzustellen, braucht man Verteilungen, die in folgendem Sinn invariant gegenüber streng monotonen Transformationen des Parameters sind: Die nichtinformative Verteilung des Parameters muss zu denselben Wahrscheinlichkeiten führen wie die nichtinformative Verteilung jedes anderen Parameters, der eine streng monotone Funktion des Ersteren ist. Solche Verteilungen gibt es; sie heißen nach ihrem Entdecker Jeffreys' Priors. Da aber die meisten von ihnen nicht uniform sind und damit gewisse Werte von Θ für wahrscheinlicher erklären als andere, stufen einzelne Statistiker sie als informativ ein und halten sie damit für ungeeignet, Unwissen zu verkörpern. Andererseits sind Jeffreys' Priors durch ihre Invarianz festgelegt und enthalten kein

Wissen über Θ, so dass sie wohl zu Recht von den meisten als nichtinformativ angesehen werden.

Jeffreys' Prior für den Erwartungswert stellt uns vor ein technisches Problem: Eine von $-\infty$ bis $+\infty$ uniforme Dichte > 0 kann es nicht geben, da ihr Integral unendlich wäre; man spricht hier von einer *uneigentlichen* Prioriverteilung. Uneigentliche Verteilungen sind Grenzfälle gewöhnlicher Verteilungen. Wir haben daher in Abschn. 6.6.1 zunächst die Posteriori-Parameter auf Basis einer Normalverteilung berechnet und erst im Resultat (6.11a) und (6.11b) den Grenzübergang zur uniformen Prioriverteilung vorgenommen. Damit ist die uneigentliche Verteilung nie in die Rechnung eingegangen und die Posteriori-Parameter nach (6.12a) und (6.12b) sind korrekt.

6.11.2 Die Erweiterung des Wissens

Eine bemerkenswerte Eigenschaft der Posterioriverteilung ergibt sich daraus, dass sie im Grunde das Gleiche ausdrückt wie die Prioriverteilung, nämlich Wissen über den in Frage stehenden Parameter. Der Unterschied besteht nur darin, dass die Prioriverteilung das Wissen *vor* Auswertung der Stichprobe enthält und die Posterioriverteilung das Wissen *nach* Auswertung der Stichprobe. Nun wurden ja die Lichtgeschwindigkeit, die Ladung des Elektrons, die universelle Gaskonstante usw. nicht *einmal* gemessen, sondern viele Male. Man kann also erwarten, dass auch die maßgeblichen Größen der Psychologie, der Soziologie, der Wirtschaftswissenschaften mehr als nur einmal gemessen werden; dass also jene Wissenschaften, die noch keine Naturgesetze haben und deshalb auf statistische Erhebungen angewiesen sind, mit fortschreitender Reife ihr Wissen durch wiederholte Messungen ihrer relevanten Parameter kumulieren werden. Dann kann das Vorwissen über den zu untersuchenden Parameter aus den vorhergangenen Messungen stammen: Die Posterioriverteilung des einen ist dann die Prioriverteilung des nächsten. Auf Situationen dieser Art sind wir schon zweimal gestoßen: In Beispiel 2.5 haben wir besprochen, wie Indizien die Wahrscheinlichkeit für ein Ereignis ändern, indem sie aus der a-priori-Wahrscheinlichkeit, der Wahrscheinlichkeit im Vorhinein, eine a-posteriori-Wahrscheinlichkeit, eine Wahrscheinlichkeit im Nachhinein machen; und in Beispiel 6.3 haben wir aus vorangegangenen Messungen der Elementarladung eine Prioriverteilung abgeleitet, die dann durch Millikans Daten in eine Posterioriverteilung übergeführt wurde. Einem dritten Beispiel für diese schrittweise Erweiterung des Wissens begegnen wir in Abschn. 9.3.2.4.

Bayessches Schätzen 7

Zusammenfassung

Wie in der klassischen Statistik, so kann man auch in der bayesschen für einen Parameter eine Punktschätzung angeben, also einen Wert, der dem wahren Wert möglichst nahe kommt, oder eine Intervallschätzung, also einen Bereich, in dem der wahre Wert vermutlich liegt. Beide beruhen auf der Posterioriverteilung des Parameters, im Folgenden gegeben durch ihre Dichte $f(\theta \mid \mathbf{X} = \mathbf{x})$.

7.1 Bayessche Punktschätzung

Hier suchen wir einen Wert, der dem wahren Wert möglichst nahe kommt; das heißt, bei dem eine Größe, die mit der Abweichung zwischen dem Schätzwert und dem wahren Wert zusammenhängt, möglichst klein oder groß ist. Wir besprechen drei Schätzfunktionen, die sich aus der Optimierung jeweils einer solchen Größe ergeben: den Mittelwert, den Median und den Modus der Posterioriverteilung. Dann geben wir Punktschätzungen für Erwartungswerte, für Anteile und für Differenzen von Erwartungswerten und von Anteilen an.

7.1.1 Posteriori-Mittelwert

Wir minimieren den mittleren quadratischen Fehler, also den Erwartungswert der quadrierten Differenz zwischen dem Schätzwert $\hat{\theta}$ und dem wahren Wert des Parameters Θ,

$$e(\hat{\theta}) := E((\hat{\theta} - \Theta)^2 \mid \mathbf{X} = \mathbf{x}) \,.$$

W. Tschirk, *Statistik: Klassisch oder Bayes*, Springer-Lehrbuch,
DOI 10.1007/978-3-642-54385-2_7, © Springer-Verlag Berlin Heidelberg 2014

Dazu muss $de/d\hat{\theta} = 0$ sein. Mit (3.16) bedeutet das:

$$\frac{de}{d\hat{\theta}} = \frac{d}{d\hat{\theta}} \int\limits_{-\infty}^{\infty} (\hat{\theta} - \theta)^2 \, f(\theta \mid \mathbf{X} = \mathbf{x}) \, d\theta = 2 \int\limits_{-\infty}^{\infty} (\hat{\theta} - \theta) \, f(\theta \mid \mathbf{X} = \mathbf{x}) \, d\theta = 0 \,.$$

Kürzt man die letzte Gleichung durch 2 und teilt das Integral, so ergibt sich:

$$\hat{\theta} \int\limits_{-\infty}^{\infty} f(\theta \mid \mathbf{X} = \mathbf{x}) \, d\theta = \int\limits_{-\infty}^{\infty} \theta \, f(\theta \mid \mathbf{X} = \mathbf{x}) \, d\theta \,.$$

Das Integral links ist ein Integral über eine Dichte, also gleich 1; daraus folgt:

$$\hat{\theta} = \int\limits_{-\infty}^{\infty} \theta \, f(\theta \mid \mathbf{X} = \mathbf{x}) \, d\theta = E(\Theta \mid \mathbf{X} = \mathbf{x}) \,.$$

Da $d^2 e/d\hat{\theta}^2 = 2 \int\limits_{-\infty}^{\infty} f(\theta \mid \mathbf{X} = \mathbf{x}) \, d\theta = 2 > 0$ ist, beschreibt diese Lösung ein Minimum von $e(\hat{\theta})$. Der Mittelwert der Posterioriverteilung ist also jene Schätzfunktion, die den mittleren quadratischen Fehler minimiert.

7.1.2 Posteriori-Median

Nun minimieren wir den Erwartungswert der absoluten Abweichung zwischen $\hat{\theta}$ und Θ,

$$e(\hat{\theta}) := E(|\hat{\theta} - \Theta| \mid \mathbf{X} = \mathbf{x}) \,.$$

Wieder muss $de/d\hat{\theta} = 0$ sein:

$$\frac{de}{d\hat{\theta}} = \frac{d}{d\hat{\theta}} \left[\int\limits_{-\infty}^{\hat{\theta}} (\hat{\theta} - \theta) \, f(\theta \mid \mathbf{X} = \mathbf{x}) \, d\theta + \int\limits_{\hat{\theta}}^{\infty} (\theta - \hat{\theta}) \, f(\theta \mid \mathbf{X} = \mathbf{x}) \, d\theta \right] = 0 \,.$$

Wir leiten gemäß der leibnizschen Regel für Parameterintegrale ab und erhalten:

$$\int\limits_{-\infty}^{\hat{\theta}} f(\theta \mid \mathbf{X} = \mathbf{x}) \, d\theta - \int\limits_{\hat{\theta}}^{\infty} f(\theta \mid \mathbf{X} = \mathbf{x}) \, d\theta = 0 \,.$$

Die Summe der beiden Integrale ist als Dichte-Integral gleich 1. Daraus folgt:

$$\int_{-\infty}^{\hat{\theta}} f(\theta \mid \mathbf{X} = \mathbf{x})\, d\theta = \int_{\hat{\theta}}^{\infty} f(\theta \mid \mathbf{X} = \mathbf{x})\, d\theta = 0{,}5 \,,$$

und somit ist $\hat{\theta}$ der Median der Posterioriverteilung. Für die zweite Ableitung von e gilt $d^2 e / d\hat{\theta}^2 = 2 f(\hat{\theta} \mid \mathbf{X} = \mathbf{x})$. Sofern $f(\hat{\theta} \mid \mathbf{X} = \mathbf{x}) > 0$ und daher der Median eindeutig bestimmt ist, minimiert er den erwarteten absoluten Fehler.

7.1.3 Posteriori-Modus

Als drittes Kriterium maximieren wir die Wahrscheinlichkeit dafür, dass der wahre Wert in einer kleinen Umgebung des Schätzwerts liegt. Diese beträgt für kleine ε

$$\int_{\hat{\theta}-\varepsilon}^{\hat{\theta}+\varepsilon} f(\theta \mid \mathbf{X} = \mathbf{x})\, d\theta \approx 2\,\varepsilon\, f(\hat{\theta} \mid \mathbf{X} = \mathbf{x}) \,,$$

und sie nimmt ein Maximum an, wenn $f(\hat{\theta} \mid \mathbf{X} = \mathbf{x}) = \max\{ f(\theta \mid \mathbf{X} = \mathbf{x})\}$, also $\hat{\theta}$ gleich dem Modus der Posterioriverteilung ist.

7.1.4 Punktschätzung für den Erwartungswert

Gesucht ist eine Schätzung des Erwartungswerts M einer Zufallsgröße, dessen Posterioriverteilung $N(\mu''; \sigma''^2)$ bekannt ist. Bei der Normalverteilung sind Mittelwert, Median und Modus gleich und wir erhalten in jedem Fall

$$\hat{\mu} = \mu'' \,. \tag{7.1}$$

7.1.5 Punktschätzung für den Anteil

Gesucht ist eine Schätzung des Anteils Π von Merkmalsträgern in einer Gesamtheit, dessen Posterioriverteilung $Beta(a''; b'')$ bekannt ist. Nach (3.25a), (3.25c) und (3.25d) erhalten wir

$$\text{mit dem Mittelwert:} \qquad \hat{\pi} = \frac{a''}{a'' + b''} \,, \tag{7.2a}$$

$$\text{mit dem Median:} \qquad \hat{\pi} = \frac{a'' - 1/3}{a'' + b'' - 2/3} \,, \tag{7.2b}$$

$$\text{mit dem Modus:} \qquad \hat{\pi} = \frac{a'' - 1}{a'' + b'' - 2} \,. \tag{7.2c}$$

7.1.6 Punktschätzung für die Differenz zweier Erwartungswerte

Gesucht ist eine Schätzung der Differenz $\Delta := M_X - M_Y$ (Δ: „Delta") zweier Erwartungs-werte aus der Posterioriverteilung $N(\mu''_{M_X-M_Y}; \sigma''^2_{M_X-M_Y})$ dieser Differenz. Mittelwert, Median und Modus ergeben dasselbe Resultat:

$$\hat{\delta} = \mu''_{M_X-M_Y} . \tag{7.3}$$

7.1.7 Punktschätzung für die Differenz zweier Anteile

Gesucht ist eine Schätzung der Differenz $\Delta := \Pi_X - \Pi_Y$ zweier Anteile aus der Normal-verteilungsnäherung $N(\mu''_{\Pi_X-\Pi_Y}; \sigma''^2_{\Pi_X-\Pi_Y})$ für die Posterioriverteilung dieser Differenz. Erneut führen Mittelwert, Median und Modus zum selben Resultat:

$$\hat{\delta} = \mu''_{\Pi_X-\Pi_Y} . \tag{7.4}$$

7.1.8 Beispiele zur bayesschen Punktschätzung

Beispiel 7.1 *Wir schätzen anhand der Posterioriverteilungen aus Beispiel 6.2: a) die An-teile der tödlich verlaufenden Entbindungen ohne und mit Chlorwaschung sowie b) die Differenz dieser Anteile.*

a) Die Entbindungen ohne Chlorwaschung indizieren wir mit X und die mit Chlorwa-schung mit Y. In Beispiel 6.2 haben wir zunächst die Posterioriverteilungen der An-teile ermittelt und dabei Betaverteilungen erhalten mit

$$a''_{\Pi_X} = 1999 ,$$
$$b''_{\Pi_X} = 18.491 ,$$
$$a''_{\Pi_Y} = 1893 ,$$
$$b''_{\Pi_Y} = 54.659 .$$

Wir schätzen mit dem Median; damit ergibt sich nach (7.2b):

$$\hat{\pi}_X = \frac{1999 - 1/3}{1999 + 18.491 - 2/3} = 0{,}0975 ,$$
$$\hat{\pi}_Y = \frac{1893 - 1/3}{1893 + 54.659 - 2/3} = 0{,}0335 .$$

b) Die Posterioriverteilung der Differenz ist nach Beispiel 6.2 normal mit

$$\mu''_{\Pi_X-\Pi_Y} = 0{,}0641 .$$

Daraus folgt nach (7.4):

$$\hat{\delta} = 0{,}0641 \,.$$

□

Beispiel 7.2 *Wir schätzen aus der Posterioriverteilung von Beispiel 6.3 den Erwartungs-wert der Elementarladungsmessung unter den Bedingungen des Millikan-Experiments.*
Die Posterioriverteilung ist normal mit einem Mittelwert von

$$\mu'' = 1{,}5924 \cdot 10^{-19} \text{ Coulomb} \,.$$

Daher schätzen wir nach (7.1):

$$\hat{\mu} = 1{,}5924 \cdot 10^{-19} \text{ Coulomb} \,.$$

□

Beispiel 7.3 *Wir schätzen auf der Grundlage der Posterioriverteilung von Beispiel 6.4 den Anteil der Gehorsamen.*
In Beispiel 6.4 haben wir als Posterioriverteilung eine *Beta*(52,5 ; 28,5)-Verteilung er-halten. Wir wählen als Schätzung für den Anteil deren Median:

$$\hat{\pi} = \frac{52{,}5 - 1/3}{52{,}5 + 28{,}5 - 2/3} = 0{,}649 \,.$$

□

7.2 Bayessche Intervallschätzung

Wie eine klassische Punktschätzung, so sagt auch eine bayessche nicht, wie nahe der Schätzwert dem wahren Wert kommt; doch auch hier kann man Intervalle angeben, die den wahren Wert mit einer gewissen Wahrscheinlichkeit enthalten. Der üblichen Sprach-regelung folgend, bezeichnen wir die Intervalle der Bayes-Statistik nicht als Konfidenz-, sondern als *Kredibilitätsintervalle*. Nicht, weil das Wort *credibility* (Glaubwürdigkeit) treffender wäre als das Wort *confidence* (Vertrauen) – beide entstammen der Umgangs-sprache und bezeichnen nichts Definiertes; wir wählen den anderen Ausdruck, damit jederzeit klar ist, ob wir ein klassisches oder ein bayessches Intervall meinen.

Kredibilitätsintervalle können unten begrenzt, oben begrenzt oder beidseitig begrenzt sein. Ein *(nur) unten* begrenztes γ-Kredibilitätsintervall für einen Parameter Θ ist begrenzt durch einen Wert θ_-, der mit Wahrscheinlichkeit γ *unter* dem wahren Wert liegt, ein *(nur) oben* begrenztes durch einen Wert θ_+, der mit Wahrscheinlichkeit γ *über* dem wahren Wert liegt. Ein *beidseitig* begrenztes Intervall ist begrenzt durch *zwei Werte* θ_1 und θ_2, die mit Wahrscheinlichkeit γ den wahren Wert *einschließen*. γ heißt nun *Kredibilitätsni-veau*. Die *Kredibilitätsgrenzen* θ_-, θ_+, θ_1 und θ_2 ergeben sich aus der Posterioriverteilung von Θ.

Wenn die Posterioridichte im gesamten Wertebereich von Θ größer als 0 ist, sind einseitig begrenzte Intervalle eindeutig bestimmt, da die Posterioriverteilung dann genau *einen* Wert besitzt, über dem, und genau *einen* Wert, unter dem der wahre Wert des Parameters mit vorgegebener Wahrscheinlichkeit liegt. Nehmen wir, wie in Beispiel 6.1, eine Normal-Posterioriverteilung des mittleren Cholesterinspiegels C in der Bevölkerung mit $\mu'' = 230$ und $\sigma'' = 10$ an. Dann liegt C mit einer Wahrscheinlichkeit von 0,95 über 213,6, denn

$$p(C > 213{,}6) = 1 - \Phi\left(\frac{213{,}6 - 230}{10}\right)$$
$$= 1 - \Phi(-1{,}64)$$
$$= 0{,}95\,;$$

ebenso liegt C mit einer Wahrscheinlichkeit von 0,95 unter 246,4, denn

$$p(C < 246{,}4) = \Phi\left(\frac{246{,}4 - 230}{10}\right)$$
$$= \Phi(1{,}64)$$
$$= 0{,}95\,.$$

Das beidseitig begrenzte Intervall haben wir in Beispiel 6.1 symmetrisch zum Mittelwert gewählt und die Grenzen 210,4 und 249,6 erhalten:

$$p(210{,}4 < C < 249{,}6) = \Phi\left(\frac{249{,}6 - 230}{10}\right) - \Phi\left(\frac{210{,}4 - 230}{10}\right)$$
$$= \Phi(1{,}96) - \Phi(-1{,}96)$$
$$= 0{,}95\,.$$

Wir hätten aber auch die Grenzen 205,1 und 247,1 wählen können, denn

$$p(205{,}1 < C < 247{,}1) = \Phi\left(\frac{247{,}1 - 230}{10}\right) - \Phi\left(\frac{205{,}1 - 230}{10}\right)$$
$$= \Phi(1{,}71) - \Phi(-2{,}49)$$
$$= 0{,}95\,;$$

und wir hätten genauso gut eines der unendlich vielen anderen Intervalle wählen können, die den wahren Wert mit Wahrscheinlichkeit 0,95 enthalten. Das symmetrische hat den Vorzug, das kleinste zu sein, also jenes, das den wahren Wert, sofern es ihn enthält, am engsten umgrenzt. Das spricht für die Wahl dieses Intervalls, und bei symmetrischen Verteilungen wie der Normalverteilung spricht nichts dagegen. Die Betaverteilung ist jedoch im Allgemeinen asymmetrisch (schief), und dann ist die Wahl eines zum Mittelwert symmetrischen Intervalls entweder gar nicht möglich oder sie hat unerwünschte Nebenwirkungen. Das werden wir im folgenden Abschnitt sehen.

7.2.1   Symmetrische, gleichendige und HPD-Intervalle

Wir vergleichen nun drei Möglichkeiten, zu einem vorgegebenen Kredibilitätsniveau ein beidseitig begrenztes Intervall zu wählen.

Betrachten wir die schiefe Posterioriverteilung eines Anteils und, als erste mögliche Wahl, ein um ihren Mittelwert *symmetrisches* 95 %-Kredibilitätsintervall (Abb. 7.1).

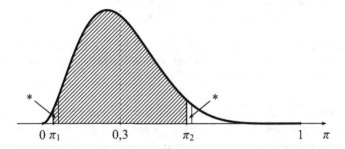

Abb. 7.1 Beta-Posterioriverteilung eines Anteils. $a'' = 3$, $b'' = 7$, daher $\mu'' = 0{,}3$. Das 95 %-Kredibilitätsintervall $[\pi_1, \pi_2]$ liegt symmetrisch zum Mittelwert. Die mit * bezeichneten Bereiche werden im Text erklärt

Die Wahl eines symmetrischen Intervalls wirft bei schiefen Verteilungen zwei Probleme auf.

Erstens könnte man, wenn die Verteilung noch ein wenig schiefer wäre, gar kein symmetrisches 95 %-Kredibilitätsintervall mehr finden. Wenn nämlich bei einer rechtsschiefen Betaverteilung wie der dargestellten $p(\Theta < 2\mu) < \gamma$ ist bzw. bei einer linksschiefen $p(\Theta > 2\mu - 1) < \gamma$, dann kann es ein zu μ symmetrisches γ-Kredibilitätsintervall nicht geben, weil jeweils eine der Grenzen aus dem Intervall $[0, 1]$ fallen müsste. Analoges gilt für Intervalle, die symmetrisch nicht zum Mittelwert, sondern zu einem anderen Wert, beispielsweise zum Median oder zum Modus, sind.

Zweitens hat ein symmetrisches Intervall bei schiefen Verteilungen eine unerwünschte Eigenschaft. Vergleichen wir dazu in Abb. 7.1 die schmalen Bereiche, gekennzeichnet mit *, am linken und rechten Ende des Intervalls. Bei beiden zeigt die Fläche unter dem Graphen die Wahrscheinlichkeit dafür, dass Π in diesem Bereich liegt. Für den rechten Bereich, der außerhalb des Intervalls liegt, ist diese Wahrscheinlichkeit größer als für den linken, der innerhalb liegt; der wahre Wert des Parameters liegt also in einem gewissen Bereich *außerhalb* des Kredibilitätsintervalls mit größerer Wahrscheinlichkeit als in einem gleich großen Bereich *innerhalb* des Intervalls. Das widerspricht zwar nicht der Bedeutung des Kredibilitätsintervalls, wohl aber der Intuition.

Wählen wir nun, als zweite Möglichkeit, das Intervall nicht symmetrisch zu einem bestimmten Wert, sondern *gleichendig*: so, dass Π mit gleicher Wahrscheinlichkeit darunter bzw. darüber liegt (Abb. 7.2).

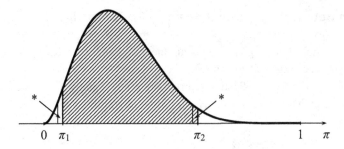

Abb. 7.2 Beta-Posterioriverteilung eines Anteils. $a'' = 3$, $b'' = 7$. Das 95 %-Kredibilitätsintervall $[\pi_1, \pi_2]$ ist gleichendig, das heißt, Π liegt mit gleicher Wahrscheinlichkeit darunter bzw. darüber. Die mit * bezeichneten Bereiche werden im Text erklärt

Ein solches Intervall gibt es immer, und damit tritt das erste Problem symmetrischer Intervalle, nämlich dass manchmal keines existiert, bei gleichendigen nicht auf. Das zweite bleibt jedoch, denn wieder liegt der wahre Wert des gesuchten Parameters in einem gewissen Bereich außerhalb des Kredibilitätsintervalls (* links) mit größerer Wahrscheinlichkeit als in einem gleich großen Bereich innerhalb (* rechts). Dieses Problem verschwindet nur dann, wenn die Dichte der Posterioriverteilung an jedem Punkt innerhalb des Intervalls mindestens so groß ist wie an jedem Punkt außerhalb. Ein solches Intervall heißt *Highest-Posterior-Density-Intervall* oder kurz *HPD-Intervall*. Das ist die dritte Möglichkeit (Abb. 7.3).

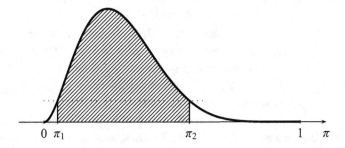

Abb. 7.3 Beta-Posterioriverteilung eines Anteils. $a'' = 3$, $b'' = 7$. Das 95 %-Kredibilitätsintervall $[\pi_1, \pi_2]$ ist ein HPD-Intervall: An jedem Punkt innerhalb ist die Dichte mindestens so groß wie an jedem Punkt außerhalb

Bei symmetrischen Verteilungen sind symmetrische, gleichendige und HPD-Intervalle identisch. Bei schiefen Verteilungen sind sie im Allgemeinen verschieden; dort können HPD-Intervalle oft nur durch numerische Näherung bestimmt werden. Für häufig vorkommende schiefe Verteilungen wie die Betaverteilung findet man HPD-Intervalle in Tabellen [18]. Da die Betaverteilung für große a und b gut durch eine Normalverteilung angenähert wird, kann man dort ein symmetrisches Intervall wählen und hat damit auch annähernd ein HPD-Intervall gefunden.

7.2.2   Kompatible Punkt- und Intervallschätzung

Es kann passieren, dass eine Punktschätzung nicht im Kredibilitätsintervall liegt. Das ist zwar kein logischer Widerspruch, aber doch unangenehm überraschend, wenn gerade der Wert, den man am ehesten erwarten würde, außerhalb jenes Bereichs liegt, in dem man den wahren Wert vermutet. Wählen wir beispielsweise als Punktschätzung den Mittelwert oder den Modus der Posterioriverteilung und dazu ein gleichendiges 10 %-Kredibilitätsintervall, dann liegen im Fall von Abb. 7.4 sogar beide Punktschätzungen nicht im Intervall.

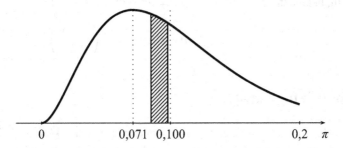

Abb. 7.4 Beta-Posterioriverteilung eines Anteils. $a'' = 3$, $b'' = 27$. Sowohl der Mittelwert (0,100) als auch der Modus (0,071) liegen außerhalb des gleichendigen 10 %-Kredibilitätsintervalls [0,085 , 0,098]

   Auf dieses Problem wird man nur stoßen, wenn man Intervalle zu niedrigen Kredibilitätsniveaus bestimmen will, was in der Praxis kaum vorkommen dürfte. Man kann es aber auch grundsätzlich vermeiden, indem man Punkt- und Intervallschätzung aufeinander abstimmt; wir sprechen dann von *kompatibler* Punkt- und Intervallschätzung.

   Kompatibel sind: *Mittelwert und zum Mittelwert symmetrisches Intervall, Median und zum Median symmetrisches Intervall* sowie *Modus und zum Modus symmetrisches Intervall*, da das zu einem Wert symmetrische Intervall diesen Wert stets enthält; kompatibel sind auch *Median und gleichendiges Intervall*, denn der Median ist jener Wert, unter bzw. über dem die Zufallsgröße jeweils mit Wahrscheinlichkeit 0,5 liegt, und gehört daher zu *jedem* Intervall, unter bzw. über dem die Zufallsgröße mit gleicher Wahrscheinlichkeit liegt; und schließlich sind kompatibel *Modus und HPD-Intervall*, weil der Modus als Wert größter Dichte zu *jedem* Intervall gehört, das die Werte größter Dichte enthält.

   Wenn die Posterioriverteilung eine Normalverteilung ist, dann sind Mittelwert, Median und Modus identisch und ebenso identisch sind dann symmetrisches, gleichendiges und HPD-Intervall. (Näherungsweise gilt das auch für Posterioriverteilungen, die durch eine Normalverteilung angenähert werden können.) Es gibt dann nur eine einzige Punkt- und eine einzige Intervallschätzung, und diese beiden sind kompatibel.

7.2.3 Intervalle für den Erwartungswert

Gesucht sind das unten begrenzte, das oben begrenzte und das kleinste beidseitig begrenzte γ-Kredibilitätsintervall für den Erwartungswert M einer Zufallsgröße, dessen Posterioriverteilung $N(\mu''; \sigma''^2)$ bekannt ist. Die Grenzen sind:

unten begrenztes Intervall:
$$\mu_- = \mu'' - \Phi^{-1}(\gamma)\,\sigma'', \tag{7.5a}$$

oben begrenztes Intervall:
$$\mu_+ = \mu'' + \Phi^{-1}(\gamma)\,\sigma'', \tag{7.5b}$$

beidseitig begrenztes Intervall:
$$\mu_1 = \mu'' - \Phi^{-1}\left(\frac{1+\gamma}{2}\right)\sigma'', \tag{7.5c}$$

$$\mu_2 = \mu'' + \Phi^{-1}\left(\frac{1+\gamma}{2}\right)\sigma''. \tag{7.5d}$$

7.2.4 Intervalle für den Anteil

Gesucht sind das unten begrenzte, das oben begrenzte und das kleinste beidseitig begrenzte γ-Kredibilitätsintervall für einen Anteil Π aus der Normalverteilungsnäherung $N(\mu''; \sigma''^2)$ für dessen Posterioriverteilung. Wir erhalten die Grenzen:

unten begrenztes Intervall:
$$\pi_- = \mu'' - \Phi^{-1}(\gamma)\,\sigma'', \tag{7.6a}$$

oben begrenztes Intervall:
$$\pi_+ = \mu'' + \Phi^{-1}(\gamma)\,\sigma'', \tag{7.6b}$$

beidseitig begrenztes Intervall:
$$\pi_1 = \mu'' - \Phi^{-1}\left(\frac{1+\gamma}{2}\right)\sigma'', \tag{7.6c}$$

$$\pi_2 = \mu'' + \Phi^{-1}\left(\frac{1+\gamma}{2}\right)\sigma''. \tag{7.6d}$$

7.2.5 Intervalle für die Differenz zweier Erwartungswerte

Gesucht sind das unten begrenzte, das oben begrenzte und das kleinste beidseitig begrenzte γ-Kredibilitätsintervall für die Differenz $\Delta := M_X - M_Y$ zweier Erwartungswerte aus der Posterioriverteilung $N(\mu''_{M_X-M_Y}; \sigma''^2_{M_X-M_Y})$ dieser Differenz.

unten begrenztes Intervall:
$$\delta_- = \mu''_{M_X-M_Y} - \Phi^{-1}(\gamma)\,\sigma''_{M_X-M_Y}, \tag{7.7a}$$

oben begrenztes Intervall:
$$\delta_+ = \mu''_{M_X-M_Y} + \Phi^{-1}(\gamma)\,\sigma''_{M_X-M_Y}, \tag{7.7b}$$

beidseitig begrenztes Intervall:
$$\delta_1 = \mu''_{M_X-M_Y} - \Phi^{-1}\left(\frac{1+\gamma}{2}\right)\sigma''_{M_X-M_Y}, \tag{7.7c}$$

$$\delta_2 = \mu''_{M_X-M_Y} + \Phi^{-1}\left(\frac{1+\gamma}{2}\right)\sigma''_{M_X-M_Y}. \tag{7.7d}$$

7.2.6 Intervalle für die Differenz zweier Anteile

Gesucht sind das unten begrenzte, das oben begrenzte und das kleinste beidseitig begrenzte γ-Kredibilitätsintervall für die Differenz $\Delta := \Pi_X - \Pi_Y$ zweier Anteile aus der Normalverteilungsnäherung $N(\mu''_{\Pi_X-\Pi_Y}; \sigma''^2_{\Pi_X-\Pi_Y})$ für die Posterioriverteilung dieser Differenz. Die Grenzen sind:

unten begrenztes Intervall:
$$\delta_- = \mu''_{\Pi_X-\Pi_Y} - \Phi^{-1}(\gamma)\,\sigma''_{\Pi_X-\Pi_Y}\,, \tag{7.8a}$$

oben begrenztes Intervall:
$$\delta_+ = \mu''_{\Pi_X-\Pi_Y} + \Phi^{-1}(\gamma)\,\sigma''_{\Pi_X-\Pi_Y}\,, \tag{7.8b}$$

beidseitig begrenztes Intervall:
$$\delta_1 = \mu''_{\Pi_X-\Pi_Y} - \Phi^{-1}\left(\frac{1+\gamma}{2}\right)\sigma''_{\Pi_X-\Pi_Y}\,, \tag{7.8c}$$

$$\delta_2 = \mu''_{\Pi_X-\Pi_Y} + \Phi^{-1}\left(\frac{1+\gamma}{2}\right)\sigma''_{\Pi_X-\Pi_Y}\,. \tag{7.8d}$$

7.2.7 Beispiele zur bayesschen Intervallschätzung

Beispiel 7.4 *Wir bestimmen anhand der Posterioriverteilungen aus Beispiel 6.2 beidseitig begrenzte 99 %-Kredibilitätsintervalle für a) die Anteile der tödlich verlaufenden Entbindungen ohne und mit Chlorwaschung und b) die Differenz dieser Anteile.*

a) Die Entbindungen ohne Chlorwaschung indizieren wir mit X und die mit Chlorwaschung mit Y. In Beispiel 6.2 haben wir für die Posterioriverteilungen der Anteile Normalverteilungsnäherungen mit

$$\mu''_{\Pi_X} = 0{,}0976\,,$$
$$\sigma''^2_{\Pi_X} = 0{,}00000430\,,$$
$$\mu''_{\Pi_Y} = 0{,}0335\,,$$
$$\sigma''^2_{\Pi_Y} = 0{,}00000057$$

ermittelt. Aus diesen Parametern erhalten wir nach (7.6c) und (7.6d) die Intervalle für Π_X und Π_Y:

$$\pi_{X1} = 0{,}0976 - 2{,}58 \cdot \sqrt{0{,}00000430} = 0{,}0922\,,$$
$$\pi_{X2} = 0{,}0976 + 2{,}58 \cdot \sqrt{0{,}00000430} = 0{,}1030\,,$$
$$\pi_{Y1} = 0{,}0335 - 2{,}58 \cdot \sqrt{0{,}00000057} = 0{,}0316\,,$$
$$\pi_{Y2} = 0{,}0335 + 2{,}58 \cdot \sqrt{0{,}00000057} = 0{,}0354\,.$$

b) Für die Differenz $\Delta := \Pi_X - \Pi_Y$ kennen wir aus Beispiel 6.2 eine Normalverteilungsnäherung mit

$$\mu''_{\Pi_X-\Pi_Y} = 0{,}0641\,,$$
$$\sigma''^2_{\Pi_X-\Pi_Y} = 0{,}00000487\,,$$

und damit ergeben sich nach (7.8c) und (7.8d) die Kredibilitätsgrenzen

$$\delta_1 = 0{,}0641 - 2{,}58 \cdot \sqrt{0{,}00000487} = 0{,}0584\,,$$
$$\delta_2 = 0{,}0641 + 2{,}58 \cdot \sqrt{0{,}00000487} = 0{,}0698\,.$$

$\square$

Beispiel 7.5 *Aus der Posteriorverteilung von Beispiel 6.3 bestimmen wir ein beidseitig begrenztes 95 %-Kredibilitätsintervall für den Erwartungswert der Elementarladungsmessung unter den Bedingungen des Millikan-Experiments.*

Die Posteriorverteilung ist eine Normalverteilung mit

$$\mu'' = 1{,}5924 \cdot 10^{-19}\,,$$
$$\sigma''^2 = 4{,}2 \cdot 10^{-45}$$

(alle Ladungswerte in Coulomb). Nach (7.5c) und (7.5d) ergeben sich die Grenzen

$$\mu_1 = 1{,}5924 \cdot 10^{-19} - 1{,}96 \cdot \sqrt{4{,}2 \cdot 10^{-45}} = 1{,}5911 \cdot 10^{-19}\,,$$
$$\mu_2 = 1{,}5924 \cdot 10^{-19} + 1{,}96 \cdot \sqrt{4{,}2 \cdot 10^{-45}} = 1{,}5937 \cdot 10^{-19}\,.$$

$\square$

Beispiel 7.6 *Wir bestimmen aus der Posteriorverteilung von Beispiel 6.4 ein beidseitig
begrenztes 95 %-Kredibilitätsintervall für den Anteil der Gehorsamen.*

In Beispiel 6.4 haben wir die Posteriorverteilung durch eine Normalverteilung mit

$$\mu'' = 0{,}648\,,$$
$$\sigma''^2 = 0{,}00278$$

angenähert. Nach (7.6c) und (7.6d) folgen daraus die Grenzen

$$\pi_1 = 0{,}648 - 1{,}96 \cdot \sqrt{0{,}00278} = 0{,}545\,,$$
$$\pi_2 = 0{,}648 + 1{,}96 \cdot \sqrt{0{,}00278} = 0{,}751\,.$$

$\square$

7.3 Analyse des bayesschen Schätzens

In den Beispielen dieses Kapitels haben wir dieselben Größen geschätzt wie in den Beispielen zum klassischen Schätzen in Kap. 4, und dies aus denselben Daten. Vergleichen wir die Ergebnisse, so stellen wir fest, dass wir ziemlich ähnliche Werte erhalten haben. Da das bayessche Schätzen sich vom klassischen beträchtlich unterscheidet, bedarf die Ähnlichkeit der Werte einer Erklärung.

7.3.1 Die bayessche Punktschätzung

Betrachten wir zunächst die Punktschätzung. Sowohl im klassischen als auch im bayesschen Fall wählt man den Schätzwert so, dass eine bestimmte Funktion optimiert, also minimiert oder maximiert wird. In der klassischen Statistik enthält diese Funktion außer dem Schätzwert nur die Werte der Stichprobe; in der bayesschen hängt sie mit der Posterioriverteilung zusammen, und in dieser spielt neben der Stichprobe auch das Vorwissen über den zu schätzenden Parameter, ausgedrückt durch die Prioriverteilung, eine Rolle. Je geringer aber das Vorwissen, desto weniger beeinflusst es die Posterioriverteilung. Im Extremfall hat man gar kein Vorwissen, und dann wird die Posterioriverteilung beinahe ausschließlich durch die Stichprobe bestimmt; lediglich die Form der gewählten nichtinformativen Prioriverteilung wirkt sich (mit zunehmender Stichprobengröße verschwindend) gering auf die Posterioriverteilung aus. Wo aber die bayessche Schätzung fast nur auf der Stichprobe beruht, überrascht es nicht, dass sie zu ähnlichen Resultaten führt wie die klassische, die überhaupt nur die Stichprobe kennt.

Im Wesentlichen ist es also die Prioriverteilung, die den Unterschied zwischen klassischem und bayesschem Schätzen ausmacht. Wie schon in Kap. 6 besprochen, ermöglicht sie uns (zumindest prinzipiell), unser gesamtes Vorwissen einzubringen. Das bekommt man aber nicht geschenkt: Man *kann* nicht nur, sondern *muss* Vorwissen einbringen; selbst wenn man kein Vorwissen über den Wert des zu schätzenden Parameters hat, muss man zumindest eine Annahme über die Verteilung der dahinter stehenden Zufallsgröße treffen, und damit schränkt sich mitunter der Geltungsbereich der Schätzung ein. Während zum Beispiel die klassische Punktschätzung eines Erwartungswerts nach (4.1) nicht explizit von der Verteilung der Zufallsgröße abhängt, gilt die bayessche nach (7.1) nur für Erwartungswerte normalverteilter Größen.

Wie beim klassischen Punktschätzen, so hat man auch beim bayesschen die Wahl zwischen mehreren zu optimierenden Funktionen und damit zwischen mehreren Schätzungen: hier vor allem zwischen dem Mittelwert, dem Median und dem Modus der Posterioriverteilung. Welche Funktion man optimiert, hängt davon ab, was man von der Schätzung verlangt. In der Literatur werden die zu minimierenden Funktionen oft als *Verlustfunktionen* bezeichnet; dahinter steckt die Vorstellung, dass eine „falsche" Schätzung zu einem „Verlust" führt, und der soll so klein wie möglich sein. Da es aber in den meisten Fällen niemanden gibt, der so einen Verlust erleiden würde, stellt diese Bezeichnung nur eine bildhafte Einkleidung der Tatsache dar, dass man ebenso ad hoc wie in der klassischen Statistik jene Schätzfunktion wählt, die man, aus welchen Gründen auch immer, für die geeignetste hält.

Die am häufigsten verwendeten Punktschätzungen sind Mittelwert und Modus der Posterioriverteilung. Mit dieser Wahl gerät man aber in Widersprüche ähnlich denen, die wir in Abschn. 6.4.2 beim Wählen nichtinformativer Prioriverteilungen entdeckt haben: Schätzt man beispielsweise einen Anteil von Merkmalsträgern und zugleich das Verhältnis zwischen der Anzahl der Merkmalsträger und jener der Nichtträger, jeweils durch den Mittelwert der Posterioriverteilung, dann widersprechen die Schätzungen einander. Denn ist $\hat{\pi}$ die Schätzung des Anteils und $\hat{\eta}$ (η: „eta") jene des Verhältnisses, so gilt im Allgemeinen $\hat{\eta} \neq \hat{\pi}/(1 - \hat{\pi})$. Ebenso ist im Allgemeinen das Quadrat der Schätzung eines Parameters ungleich der Schätzung seines Quadrats, der Logarithmus der Schätzung ungleich der Schätzung des Logarithmus usw. Man kann also mit dem Posteriori-Mittelwert für ein- und denselben Parameter verschiedene Schätzungen erhalten, abhängig davon, wie man den Parameter darstellt, und Gleiches geschieht, wenn man mit dem Modus schätzt. Nimmt man jedoch als Schätzwert den Median der Posterioriverteilung, dann tritt der Widerspruch bei streng monotonen Transformationen des Parameters nicht auf. Wenn nämlich $\tilde{\theta}$ der Median der Verteilung von Θ ist, dann ist $p(\Theta \leq \tilde{\theta}) = 0{,}5$; damit gilt für jede streng monotone Funktion g: $p(g(\Theta) \leq g(\tilde{\theta})) = 0{,}5$, und folglich ist $g(\tilde{\theta})$ der Median der Verteilung von $g(\Theta)$. Die Medianschätzung eines Anteils ist daher konsistent mit der Medianschätzung des zugehörigen Verhältnisses in dem Sinn, dass $\hat{\eta} = \hat{\pi}/(1 - \hat{\pi})$ ist. Das Quadrat der Medianschätzung eines Parameters ist identisch mit der Medianschätzung seines Quadrats, der Logarithmus der Schätzung identisch mit der Schätzung des Logarithmus usw. Während also Mittelwert und Modus der Posterioriverteilung als Punktschätzungen zu Widersprüchen führen, tut der Median das nicht. Deshalb haben wir in unseren Beispielen stets mit dem Median geschätzt. In der klassischen Statistik wird das Problem nicht diskutiert, weil man es dort einfach nicht beachtet. Die klassischen Kriterien sind, wie in Abschn. 4.1.4 beschrieben, vor allem Erwartungstreue, Konsistenz und Effizienz. Würde man fordern, dass auch die klassischen Schätzungen für verschiedene Darstellungen ein- und desselben Parameters einander nicht widersprechen, so wäre manch gebräuchliche Schätzung, allen voran jene des Erwartungswerts nach (4.1), unhaltbar.

7.3.2   Das Kredibilitätsintervall

Während es oft verborgen bleibt, in welcher Weise eine Punktschätzung für ein gegebenes Problem optimal sein soll, ist die Bedeutung des Kredibilitätsintervalls klar. Ein solches Intervall ist ein Bereich, in dem der wahre Wert des zu schätzenden Parameters mit einer bestimmten Wahrscheinlichkeit liegt. Wir haben in Abschn. 4.3.2 auch dem Konfidenzintervall diese Eigenschaft zugesprochen, was nur aus subjektivistischer Sicht gerechtfertigt ist. Das Kredibilitätsintervall steht diesbezüglich außer Zweifel: Jeder Bayes-Statistiker wird mit der genannten Interpretation einverstanden sein. Dass die bayesschen Intervallgrenzen den klassischen oft sehr ähnlich sind, hat denselben Grund, den wir in

Abschn. 7.3.1 für die Ähnlichkeit zwischen klassischen und bayesschen Punktschätzungen besprochen haben: nämlich, dass die Posterioriverteilung häufig von der Stichprobe dominiert wird.

Wie es nicht *die* Punktschätzung gibt, sondern mehrere, gibt es auch nicht *das* beidseitig begrenzte Kredibilitätsintervall, sondern viele mögliche, unter denen wir das zu Mittelwert, Median oder Modus symmetrische, das gleichendige und das HPD-Intervall hervorgehoben haben. Bei symmetrischen Verteilungen sind diese identisch, und bei schiefen unterscheiden sie sich oft nur geringfügig voneinander. Da die genauen Intervallgrenzen bei Betaverteilungen schwer zu berechnen sind, haben wir Betaverteilungen durch Normalverteilungen angenähert. Vergleichen wir Kredibilitätsgrenzen, die sich aus einer solchen Näherung ergeben, mit den tatsächlichen Werten: In Beispiel 7.4a hat die Normalverteilungsnäherung zum Intervall [0,0922 , 0,1030] für Π_X geführt; das gleichendige Intervall nach der (genauen) Betaverteilung ist [0,0923 , 0,1030]. In Beispiel 7.6 haben wir auf Basis einer Normalverteilungsnäherung das Intervall [0,545 , 0,751] erhalten; das gleichendige Beta-Intervall ist [0,542 , 0,748]. Dass die Näherungswerte im ersten Fall nur um rund 0,1 % von den genauen abweichen, resultiert aus der Größe der Stichprobe, derentwegen die Betaverteilung kaum mehr von der Normalverteilung differiert. Doch auch im zweiten Fall ist, bei wesentlich kleinerer Stichprobe, die Näherung nur mit einem relativen Fehler von 0,5 % behaftet, und diese Zahlen rechtfertigen, wie schon beim klassischen Schätzen, im Nachhinein das Verwenden der Normalverteilung. Gleiches gilt für das bayessche Testen, das wir im nächsten Kapitel behandeln.

7.3.3 Klassische oder bayessche Schätzung?

Wenn es nur um möglichst treffende Schätzwerte geht, lohnt sich der Aufwand, den die Bayes-Statistik zum Ermitteln der Posterioriverteilung treibt, oft nicht. Sofern man nur wenig Vorwissen einbringen kann, erhält man fast dieselben Zahlen, die auch die (zum Teil viel einfacheren) klassischen Methoden liefern. Die bayessche Punktschätzung beruht ebenso auf einer ad-hoc-Auswahl der Schätzfunktion wie die klassische. Lediglich die bayessche Intervallschätzung hat gegenüber der klassischen den Vorteil, dass das Kredibilitätsintervall unbestritten als Bereich interpretiert wird, in dem der wahre Wert mit gegebener Wahrscheinlichkeit liegt; diese Interpretation kann man aber auch beim klassischen Konfidenzintervall vornehmen, wenn man der objektivistischen Lehre nicht zu wörtlich folgt.

Hat man jedoch viel Vorwissen, dann kommt man mit dem bayesschen Schätzen zu besseren Resultaten als mit dem klassischen. Schätzt man die Elementarladung aus Millikans Daten, aber (wie in Abschn. 6.11.1 beschrieben) mit einer Prioriverteilung entsprechend dem heutigen Wissen, erhält man als Schätzungen genau die heute gültigen Werte, und die Fehler in Millikans Messungen sind unschädlich gemacht. Hier steckt nämlich im Vorwissen sehr viel mehr Information als in der Stichprobe, und die bayessche Schätzung erlaubt es, das auch zu nutzen.

Bayessches Testen

8

Zusammenfassung

In der Bayes-Statistik testet man eine Hypothese, indem man feststellt, mit welcher Wahrscheinlichkeit sie stimmt. Ob man sie dann annimmt oder ablehnt, ist keine Frage der Statistik, sondern fällt in die *Entscheidungstheorie*, mit der wir uns hier nicht beschäftigen. (Eine ausführliche Darstellung der bayesschen Entscheidungstheorie findet sich in [21].)

8.1 Wie funktioniert ein bayesscher Test?

Die Wahrscheinlichkeit einer Hypothese betreffend einen Parameter Θ erhalten wir aus dessen Posterioriverteilung. Nehmen wir an, diese sei gegeben durch ihre Dichte $f(\theta \,|\, \mathbf{X} = \mathbf{x})$. Die Hypothesen, Θ sei *mindestens gleich* oder *höchstens gleich* einem Wert θ_0, haben dann die Wahrscheinlichkeiten

$$p(\Theta \geq \theta_0) = \int_{\theta_0}^{\infty} f(\theta \,|\, \mathbf{X} = \mathbf{x}) \, d\theta,$$

$$p(\Theta \leq \theta_0) = \int_{-\infty}^{\theta_0} f(\theta \,|\, \mathbf{X} = \mathbf{x}) \, d\theta.$$

In der klassischen Statistik testet man auch die Hypothese, Θ sei *genau gleich* einem Wert θ_0. Wir haben in Abschn. 5.7.1 angemerkt, dass eine solche Hypothese bei einem stetigen Parameter die Wahrscheinlichkeit 0 hat. Aus Sicht der Bayes-Statistik ist das

W. Tschirk, *Statistik: Klassisch oder Bayes*, Springer-Lehrbuch,
DOI 10.1007/978-3-642-54385-2_8, © Springer-Verlag Berlin Heidelberg 2014

selbstverständlich, denn

$$p(\Theta = \theta_0) = \int_{\theta_0}^{\theta_0} f(\theta \mid \mathbf{X} = \mathbf{x}) \, d\theta = 0.$$

Man kann nicht sagen, dass eine solche Hypothese *sicher* falsch ist, denn *einen* Wert muss Θ ja haben; nennen wir diesen Wert θ_1, dann hat, solange man die Wirklichkeit nicht kennt, die Hypothese $\Theta = \theta_1$ die Wahrscheinlichkeit 0, und trotzdem stimmt sie. Doch man kann sagen, dass eine Hypothese mit Wahrscheinlichkeit 0 *so gut wie sicher* falsch ist und daher kein sinnvolles Testobjekt darstellt. Statt ihrer testen wir die Hypothese, dass Θ *zwischen zwei Werten* θ_1 *und* θ_2 liegt; deren Wahrscheinlichkeit ist

$$p(\theta_1 \le \Theta \le \theta_2) = \int_{\theta_1}^{\theta_2} f(\theta \mid \mathbf{X} = \mathbf{x}) \, d\theta.$$

Da man beim bayesschen Testen lediglich die Wahrscheinlichkeit der in Frage stehenden Hypothese berechnet, gibt es keine Nullhypothese, kein Signifikanzniveau und kein Annehmen oder Ablehnen. (Manche Autoren verwenden diese Bezeichnungen dennoch und imitieren damit das klassische Testen.) Zum einfacheren Rechnen mit Betaverteilungen nähern wir diese wieder durch Normalverteilungen an. Die Integrale sind dann stets auf Werte der Standardnormalverteilung rückführbar, also auf Tabellenwerte von Φ.

8.2   Bayessche Tests

8.2.1   Tests für den Erwartungswert

Zu testen sind die Hypothesen, der Erwartungswert M einer Zufallsgröße sei mindestens gleich einem Wert μ_0, höchstens gleich μ_0 bzw. liege zwischen zwei Werten μ_1 und μ_2. Die Posterioriverteilung $N(\mu''; \sigma''^2)$ von M sei bekannt.

$$p(\mathrm{M} \ge \mu_0) = 1 - \Phi\left(\frac{\mu_0 - \mu''}{\sigma''}\right), \tag{8.1a}$$

$$p(\mathrm{M} \le \mu_0) = \Phi\left(\frac{\mu_0 - \mu''}{\sigma''}\right), \tag{8.1b}$$

$$p(\mu_1 \le \mathrm{M} \le \mu_2) = \Phi\left(\frac{\mu_2 - \mu''}{\sigma''}\right) - \Phi\left(\frac{\mu_1 - \mu''}{\sigma''}\right). \tag{8.1c}$$

8.2.2 Tests für den Anteil

Zu testen sind die Hypothesen, der Anteil Π von Merkmalsträgern in einer Gesamtheit sei mindestens gleich einem Wert π_0, höchstens gleich π_0 bzw. liege zwischen zwei Werten π_1 und π_2. Bekannt sei die Normalverteilungsnäherung $N(\mu''; \sigma''^2)$ für die Posterioriverteilung von Π.

$$p(\Pi \geq \pi_0) = 1 - \Phi\left(\frac{\pi_0 - \mu''}{\sigma''}\right), \tag{8.2a}$$

$$p(\Pi \leq \pi_0) = \Phi\left(\frac{\pi_0 - \mu''}{\sigma''}\right), \tag{8.2b}$$

$$p(\pi_1 \leq \Pi \leq \pi_2) = \Phi\left(\frac{\pi_2 - \mu''}{\sigma''}\right) - \Phi\left(\frac{\pi_1 - \mu''}{\sigma''}\right). \tag{8.2c}$$

8.2.3 Tests für die Differenz zweier Erwartungswerte

Zu testen sind die Hypothesen, die Differenz $\Delta := M_X - M_Y$ zweier Erwartungswerte sei mindestens gleich einem Wert δ_0, höchstens gleich δ_0 bzw. liege zwischen zwei Werten δ_1 und δ_2. Bekannt sei die Posterioriverteilung $N(\mu''_{M_X-M_Y}; \sigma''^2_{M_X-M_Y})$ dieser Differenz.

$$p(M_X - M_Y \geq \delta_0) = 1 - \Phi\left(\frac{\delta_0 - \mu''_{M_X-M_Y}}{\sigma''_{M_X-M_Y}}\right), \tag{8.3a}$$

$$p(M_X - M_Y \leq \delta_0) = \Phi\left(\frac{\delta_0 - \mu''_{M_X-M_Y}}{\sigma''_{M_X-M_Y}}\right), \tag{8.3b}$$

$$p(\delta_1 \leq M_X - M_Y \leq \delta_2) = \Phi\left(\frac{\delta_2 - \mu''_{M_X-M_Y}}{\sigma''_{M_X-M_Y}}\right) - \Phi\left(\frac{\delta_1 - \mu''_{M_X-M_Y}}{\sigma''_{M_X-M_Y}}\right). \tag{8.3c}$$

8.2.4 Tests für die Differenz zweier Anteile

Zu testen sind die Hypothesen, die Differenz $\Delta := \Pi_X - \Pi_Y$ der Anteile von Merkmalsträgern in zwei Gesamtheiten sei mindestens gleich einem Wert δ_0, höchstens gleich δ_0 bzw. liege zwischen zwei Werten δ_1 und δ_2. Bekannt sei die Normalverteilungsnäherung $N(\mu''_{\Pi_X-\Pi_Y}; \sigma''^2_{\Pi_X-\Pi_Y})$ für die Posterioriverteilung dieser Differenz.

$$p(\Pi_X - \Pi_Y \geq \delta_0) = 1 - \Phi\left(\frac{\delta_0 - \mu''_{\Pi_X-\Pi_Y}}{\sigma''_{\Pi_X-\Pi_Y}}\right), \tag{8.4a}$$

$$p(\Pi_X - \Pi_Y \leq \delta_0) = \Phi\left(\frac{\delta_0 - \mu''_{\Pi_X-\Pi_Y}}{\sigma''_{\Pi_X-\Pi_Y}}\right), \tag{8.4b}$$

$$p(\delta_1 \leq \Pi_X - \Pi_Y \leq \delta_2) = \Phi\left(\frac{\delta_2 - \mu''_{\Pi_X-\Pi_Y}}{\sigma''_{\Pi_X-\Pi_Y}}\right) - \Phi\left(\frac{\delta_1 - \mu''_{\Pi_X-\Pi_Y}}{\sigma''_{\Pi_X-\Pi_Y}}\right). \tag{8.4c}$$

8.3   Beispiele zum bayesschen Testen

Beispiel 8.1 *Ist die Behauptung der meisten Ärzte um 1860, das Entbinden wäre oh-ne Chlorwaschung nicht gefährlicher als mit Chlorwaschung, glaubwürdig? Wir testen diese Hypothese auf Basis der Posterioriverteilung der Differenz der Sterberaten aus Bei-spiel 6.2.*

Indiziert man die Entbindungen ohne Chlorwaschung mit X, jene mit Chlorwaschung mit Y, so lautet die Hypothese: $\Pi_X \le \Pi_Y$, also $\Pi_X - \Pi_Y \le 0$. Für $\Pi_X - \Pi_Y$ haben wir in Beispiel 6.2 eine Normalverteilungsnäherung bestimmt mit

$$\mu''_{\Pi_X - \Pi_Y} = 0{,}0641,$$
$$\sigma''^2_{\Pi_X - \Pi_Y} = 0{,}00000487.$$

Damit erhalten wir nach (8.4b) die Wahrscheinlichkeit der Hypothese:

$$p(\Pi_X - \Pi_Y \le 0) = \Phi\left(\frac{0 - 0{,}0641}{\sqrt{0{,}00000487}}\right) = \Phi(-29{,}0) \approx 0.$$

Sie ist extrem klein, weil die hypothetische Obergrenze für $\Pi_X - \Pi_Y$, nämlich der Wert 0, rund 29 Standardabweichungen unter dem Mittelwert der Posterioriverteilung liegt. Dort gilt die Normalverteilungsnäherung nicht mehr, und daher ist die genaue Wahrscheinlich-keit so nicht zu finden. Nach der Normalverteilungsnäherung wäre sie etwa 10^{-185}; dieser Wert ist gegenstandslos, doch die Wahrscheinlichkeit ist jedenfalls so klein, dass man sa-gen kann, sie sei praktisch 0. Damit stimmt Semmelweis' Hypothese, die das Gegenteil besagt, beinahe mit Wahrscheinlichkeit 1.   □

Beispiel 8.2 *Lässt sich die Behauptung des ersten Satzes von Abschn. 1.3.3 aufrechter-halten? Kann man also annehmen, der Anteil der Gehorsamen betrage 75 %? Wir testen diese Hypothese auf Basis der Posterioriverteilung aus Beispiel 6.4.*

Die Hypothese, der Anteil betrage genau 75 %, hat die Wahrscheinlichkeit 0. Damit wäre der Test beendet. Wir können aber fragen, mit welcher Wahrscheinlichkeit der Anteil *75 % oder mehr* beträgt. (Hinter der Behauptung, der Anteil betrage drei Viertel, steckt vielleicht die Befürchtung, er betrage drei Viertel oder mehr.)

Die Posterioriverteilung haben wir durch eine Normalverteilung mit

$$\mu'' = 0{,}648,$$
$$\sigma''^2 = 0{,}00278$$

angenähert. Nach (8.2a) erhalten wir daraus

$$p(\Pi \ge 0{,}75) = 1 - \Phi\left(\frac{0{,}75 - 0{,}648}{\sqrt{0{,}00278}}\right) = 1 - \Phi(1{,}93) = 0{,}0268.$$

□

Beispiel 8.3 *Wir testen die Hypothesen, mehr als 15 % bzw. höchstens 15 % aller Kinder seien allergisch gegen Pollen. Dazu nehmen wir eine Stichprobe von 200 Kindern und zählen die Pollenallergiker. Wie hängen die Wahrscheinlichkeiten der Hypothesen von der Anzahl der in der Stichprobe gefundenen Allergiker ab?*

Wir berechnen die Wahrscheinlichkeiten $p(\Pi > 0{,}15)$ und $p(\Pi \leq 0{,}15)$, abhängig von der Anzahl x der Pollenallergiker in der Stichprobe. Als Prioriverteilung von Π wählen wir Jeffreys' Prior, da wir über den Anteil von Vornherein nichts wissen und nichts voraussetzen. Die Posterioriverteilung ergibt sich dann nach (6.21c) und (6.21d) mit $a' = b' = 0{,}5$ und $n = 200$, ihre Normalverteilungsnäherung nach (6.22a) und (6.22b), und die Wahrscheinlichkeiten der Hypothesen nach (8.2a) und (8.2b) mit $\pi_0 = 0{,}15$.

Sei beispielsweise $x = 23$. Aus (6.21c) und (6.21d) erhalten wir

$$a'' = 0{,}5 + 23 = 23{,}5,$$
$$b'' = 0{,}5 + 200 - 23 = 177{,}5;$$

daraus folgt gemäß (6.22a) und (6.22b):

$$\mu'' = \frac{23{,}5}{23{,}5 + 177{,}5} = 0{,}117,$$
$$\sigma''^2 = \frac{23{,}5 \cdot 177{,}5}{(23{,}5 + 177{,}5)^2 \cdot (23{,}5 + 177{,}5 + 1)} = 0{,}000511,$$

und damit ergeben sich nach (8.2a) und (8.2b) die Wahrscheinlichkeiten

$$p(\Pi > 0{,}15) = 1 - \Phi\left(\frac{0{,}15 - 0{,}117}{\sqrt{0{,}000511}}\right) = 1 - \Phi(1{,}46) = 0{,}0721,$$
$$p(\Pi \leq 0{,}15) = \Phi\left(\frac{0{,}15 - 0{,}117}{\sqrt{0{,}000511}}\right) = \Phi(1{,}46) = 0{,}9279.$$

Da die eine Hypothese das Gegenteil der anderen ist, addieren sich ihre Wahrscheinlichkeiten zu 1. Führen wir diese Rechnung für verschiedene x durch, dann finden wir die in Abb. 8.1 dargestellten Wahrscheinlichkeiten.

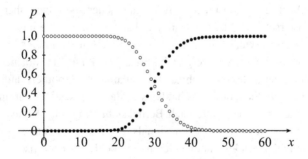

Abb. 8.1 Wahrscheinlichkeiten der beiden Hypothesen: $p(\Pi > 0{,}15)$ (*volle Kreise*) und $p(\Pi \leq 0{,}15)$ (*leere Kreise*) in Abhängigkeit von der Anzahl x der Pollenallergiker in einer Stichprobe von 200 Kindern

8.4   Analyse des bayesschen Testens

8.4.1   Die Wahrscheinlichkeit einer Hypothese

Wir haben das Testen einer Hypothese beschränkt auf das Feststellen, mit welcher Wahrscheinlichkeit sie stimmt. Damit ist aus Sicht der schließenden Statistik alles über die Hypothese gesagt; ob man sie dann annimmt oder nicht, hängt von weiteren Umständen ab: welche Folgen das Annehmen oder Ablehnen hat, wie sich eine eventuelle Fehlentscheidung auswirkt usw. Diese Fragen gehören zur Entscheidungstheorie, und wir werden nicht näher auf sie eingehen. Interessant ist aber, dass man überhaupt eine nach praktischen Kriterien optimale Entscheidung treffen *kann*; denn dafür sorgt die Bayes-Statistik, indem sie der Hypothese eine Wahrscheinlichkeit zuschreibt, und mit dieser lassen sich Risiko-, Verlust- oder Nutzenfunktionen definieren und optimieren.

In Abschn. 8.1 haben wir festgestellt, dass es keine Nullhypothese gibt. Natürlich könnte man die Hypothese, die man testen will, oder ihr Gegenteil als Nullhypothese bezeichnen. Das hätte aber auf die Wahrscheinlichkeiten keinen Einfluss und damit, anders als beim klassischen Testen, auch nicht auf den Testausgang: Die Wahrscheinlichkeiten in Abb. 8.1 hängen nicht davon ab, welche der beiden Hypothesen man Nullhypothese nennt. Ebenso gibt es kein Signifikanzniveau, keine Operationscharakteristik und keine Güte (Trennschärfe, Stärke, Power oder Macht). In der klassischen Statistik ist das Signifikanzniveau der Maximalwert der bedingten Wahrscheinlichkeit dafür, die Nullhypothese abzulehnen, wenn diese stimmt. Aus der Operationscharakteristik oder ihrem Gegenstück, der Güte, lassen sich bedingte Wahrscheinlichkeiten ableiten dafür, dass die Nullhypothese angenommen wird, wenn sie nicht stimmt. Die Bayes-Statistik ersetzt diese beiden *bedingten* Irrtumswahrscheinlichkeiten durch Irrtumswahrscheinlichkeiten, die *unbedingt* sind in dem Sinn, dass sie nicht von der Richtigkeit der Hypothese abhängen. Bezeichnen wir die Hypothese mit H und ihre Wahrscheinlichkeit mit $p(H)$. Dann irrt man, wenn man H ablehnt, mit Wahrscheinlichkeit $p(H)$, und wenn man H annimmt, mit Wahrscheinlichkeit $1 - p(H)$.

Dass man bei Vorliegen einer Posterioriverteilung jeder Hypothese über den fraglichen Parameter eine Wahrscheinlichkeit zuschreiben kann, eröffnet eine interessante Perspektive: Man kann beliebig viele konkurrierende Hypothesen simultan testen, indem man einfach ihre Wahrscheinlichkeiten vergleicht. So arbeiten manche spracherkennende Maschinen: Sie stellen für jedes Wort ihres Vokabulars die Hypothese auf, der Benutzer habe dieses Wort gesprochen, und entscheiden sich dann unter all diesen (möglicherweise tausenden) Hypothesen für jene, die nach Berücksichtigung aller bekannten Daten (der akustischen Merkmale des empfangenen Signals, der zuvor erkannten Wörter usw.) am wahrscheinlichsten oder gemäß einem anderen entscheidungstheoretischen Kriterium optimal ist [28].

In der klassischen Statistik darf die Hypothese nicht auf Basis der Stichprobe entstanden sein, mit der sie getestet wird; wir haben das in Abschn. 5.6.3 begründet. In der Bayes-Statistik tritt an die Stelle dieser Forderung eine andere: Wie in Abschn. 6.11.1

vermerkt, muss die Prioriverteilung von der Stichprobe unabhängig sein. Die Hypothese selbst darf aber auf der Stichprobe beruhen. Man kann also aus den Daten Hypothesen gewinnen und diese dann einem Test mit denselben Daten unterwerfen, solange man die Daten nicht zur Wahl der Prioriverteilung heranzieht. In der Forschungspraxis ist das oft von Vorteil, denn viele Hypothesen haben ihren Ursprung in Daten, die die einzigen zum Thema erhältlichen sind und daher auch die einzigen, die man zum Testen verwenden kann. In Beispiel 5.2 haben wir eine Hypothese, die auf der Grundlage von Milgrams Zahlen formuliert wurde, einem klassischen Test mit genau diesen Zahlen unterzogen und damit ein ungültiges Resultat erhalten. Dieselbe Hypothese, entstanden unter denselben Umständen, konnten wir aber in Beispiel 8.2 auf bayessche Weise gültig testen.

Beim statistischen Schätzen haben wir zwischen den Resultaten der klassischen und jenen der bayesschen Methoden meist nur geringe Unterschiede festgestellt. Das hat uns in Abschn. 7.3.3 zu dem Resümee geführt, dass sich der Aufwand, den die Bayes-Statistik zum Ermitteln der Posterioriverteilung treibt, beim Schätzen oft nicht lohnt. Beim Testen ist das anders. Da liefert die Bayes-Statistik Ergebnisse, an die man mit klassischen Methoden nicht herankommt, allen voran natürlich die Wahrscheinlichkeit dafür, dass die Hypothese stimmt.

8.4.2 Gleichheitshypothesen

In einem Punkt scheint das klassische Testen dem bayesschen überlegen: beim Testen von Gleichheitshypothesen. Die Hypothese, der Wert einer stetigen Größe sei genau so oder so groß, hat die Wahrscheinlichkeit 0; sie ist daher so gut wie sicher falsch, und aus bayesscher Sicht erübrigt sich jede weitere Analyse. Die klassische Statistik hat jedoch Tests für solche Hypothesen, und viele klassische Tests prüfen überhaupt *nur* solche: Die Varianzanalyse prüft die Hypothese, zwei oder mehr Erwartungswerte seien gleich; der χ^2-Anpassungstest (χ: „chi") prüft die Hypothese, eine Gesamtheit sei in bestimmter Weise verteilt, der χ^2-Homogenitätstest die Hypothese, zwei oder mehr Gesamtheiten seien identisch verteilt, und der χ^2-Unabhängigkeitstest jene, zwei oder mehr Merkmale seien unabhängig, was auf dasselbe hinausläuft. Der U-Test prüft die Hypothese, zwei Verteilungen stimmen nach gewissen Kriterien überein, der H-Test tut das Gleiche für zwei oder mehr Verteilungen. Es gibt klassische Tests für Erwartungswerte, Varianzen und Standardabweichungen, Anteile, Korrelationskoeffizienten, Parameter von Regressionsfunktionen usw., deren Nullhypothesen allesamt besagen, dass die fraglichen (stetigen) Größen genau diese oder jene Werte haben [4, 9, 13, 18, 20, 22]. Jede einzelne dieser Hypothesen hat die Wahrscheinlichkeit 0. Dennoch können sie einen klassischen Test bestehen: wenn nämlich die Stichprobe zu klein ist, um den Unterschied zwischen Hypothese und Wirklichkeit aufzudecken.

Dass solche Hypothesen einen bayesschen Test *nicht* bestehen können, weil ihnen dieser die Wahrscheinlichkeit 0 und damit höchste Unglaubwürdigkeit bescheinigt, empfinden manche Autoren als Schwäche des bayesschen Testens. Daher schlagen sie Tests vor, die zwar von der Posterioriverteilung ausgehen, ansonsten aber klassische Tests imitieren [3, 18]. Der Statistiker William Bolstad beispielsweise testet die Hypothese $\Pi = \pi_0$; er übernimmt vom klassischen Test das Signifikanzniveau α und schlägt vor, die Hypothese anzunehmen, wenn π_0 im $(1 - \alpha)$-Kredibilitätsintervall liegt, und andernfalls abzulehnen. Seine Begründung lautet: Wenn π_0 im Kredibilitätsintervall liegt, dann bleibt π_0 ein glaubwürdiger Wert (*remains a credible value*) [3]. Diese Begründung ist aber falsch; denn das Kredibilitätsintervall für einen stetigen Parameter Θ ist *nicht* eine Sammlung glaubwürdiger Werte. Es gibt gar keinen glaubwürdigen Wert. Glaubwürdig ist ja nicht die Aussage $\Theta = \theta_0$ für ein bestimmtes θ_0 im Intervall, sondern die Aussage $\theta_1 \leq \Theta \leq \theta_2$, wo θ_1 und θ_2 die Intervallgrenzen sind; also nicht, dass der wahre Wert von Θ gleich einem *bestimmten* Wert im Kredibilitätsintervall wäre, sondern dass er *irgendwo* im Intervall liegt.

8.4.3 Dualität zwischen bayesschem Schätzen und Testen

Diese letzte Überlegung führt zu einer Beziehung zwischen bayesschem Schätzen und bayesschem Testen: Wenn $[\theta_1, \theta_2]$ ein γ-Kredibilitätsintervall für einen Parameter Θ ist, dann liegt Θ mit Wahrscheinlichkeit γ zwischen θ_1 und θ_2, und die Hypothese $\theta_1 \leq \Theta \leq \theta_2$ ist mit Wahrscheinlichkeit γ richtig. Stimmt umgekehrt die Hypothese mit Wahrscheinlichkeit γ, dann ist das Intervall ein γ-Kredibilitätsintervall. Analoges gilt für einseitig begrenzte Intervalle: Ist $[\theta_-, \infty)$ ein γ-Kredibilitätsintervall für Θ, dann stimmt die Hypothese $\Theta \geq \theta_-$ mit Wahrscheinlichkeit γ; ist $(-\infty, \theta_+]$ ein solches, dann ist die Hypothese $\Theta \leq \theta_+$ mit Wahrscheinlichkeit γ korrekt; und in beiden Fällen stimmt auch der Umkehrschluss. Diese Dualität zwischen Schätzen und Testen gilt in der Bayes-Statistik ohne Ausnahme.

Drei historische Fälle

Zusammenfassung

Wir haben die Statistik von zwei Seiten kennen gelernt, der klassischen und der bayes-schen, und zur Illustration drei historische Fälle herangezogen: Semmelweis' Vermu-tung zum Kindbettfieber, Millikans Messung der Elementarladung und das Milgram-Experiment zum Gehorsam. Nun stellen wir diese Fälle selbst in den Mittelpunkt. Dabei lernen wir wenig Neues; vielmehr wird fast alles Wiederholung sein. Ziel des Kapitels ist es, jeden der Fälle in durchgehenden Gedankengängen zu behandeln, ein-mal vom klassischen, einmal vom bayesschen Standpunkt aus.

9.1 Semmelweis' Vermutung zum Kindbettfieber

In Abschn. 1.3.1 haben wir den Fall beschrieben. Semmelweis hatte die Ursache des Kindbettfiebers in der Infektion durch den Arzt erkannt und großteils beseitigt durch die Anordnung, dass jeder Geburtshelfer vor dem Entbinden seine Hände in Chlorkalklösung zu waschen habe. Semmelweis' Argument waren die Kindbettfieber-Sterberaten bei Ent-bindungen: niedrig, wenn Hebammen entbanden; hoch, wenn Ärzte am Werk waren, die zuvor seziert hatten; und wieder niedrig, wenn diese Ärzte ihre Hände wie befohlen ge-reinigt hatten [25].

Die Frage ist, welche Aussagekraft Semmelweis' Zahlen haben. Wir wählen dazu fol-genden Vergleich: In den 6 Jahren vor Einführung der Chlorwaschung (1841–1846) waren in der Ärzteklinik von 20.042 Frauen 1989 gestorben; in den 14 Jahren nach Einführung (1847–1860) von 56.104 Frauen 1883. Wir könnten auch, wie es Semmelweis anfangs getan hat, die Sterberate der Hebammenklinik mit jener der Ärzteklinik vergleichen. Da-mit würden wir aber zwei Szenarien gegenüberstellen, die sich in mehr als einem Punkt unterscheiden: So lagen die Kliniken in verschiedenen Gebäuden, und Semmelweis' Geg-ner vermuteten darin eine Ursache für die unterschiedlichen Sterbezahlen. Vergleichen

W. Tschirk, *Statistik: Klassisch oder Bayes*, Springer-Lehrbuch,
DOI 10.1007/978-3-642-54385-2_9, © Springer-Verlag Berlin Heidelberg 2014

wir aber die Entbindungen, die Ärzte *ohne* Chlorwaschung vornahmen, mit jenen, die (zum Teil dieselben) Ärzte am selben Ort *mit* Chlorwaschung vornahmen, dann bleibt außer dem Waschen keine relevante Variable, deren Wert sich zwischen den beiden Fällen unterscheiden würde. (Abgesehen von Semmelweis' Anordnung änderte sich im Beobachtungszeitraum nichts an der Geburtshilfetechnik.)

Jahrzehntelang standen einander zwei Meinungen gegenüber. Semmelweis und seine wenigen Anhänger behaupteten, die Sterberate bei Entbindungen sei höher, wenn mit unsauberen Händen gearbeitet wird; deren Gegner – die Mehrheit der Ärzte einschließlich aller Autoritäten des Fachs – behaupteten das Gegenteil. Wir indizieren die Entbindungen ohne Chlorwaschung mit X, jene mit Chlorwaschung mit Y, und bezeichnen den jeweiligen Anteil der Entbindungen, die mit Kindbettfiebertod enden, also die Sterberaten in der Gesamtheit, mit π_X bzw π_Y. Dann lautet Semmelweis' Hypothese $\pi_X > \pi_Y$, die seiner Gegner $\pi_X \leq \pi_Y$. Beide Hypothesen bezogen sich auf die Gesamtheit aller (schon durchgeführten und künftigen) Entbindungen, die niemand vollständig kannte und, da sie künftige Fälle einschloss, auch niemand kennen konnte. Semmelweis' Zahlen waren eine Stichprobe, und diese werden wir nun verwenden, um die Hypothesen zu testen.

Kein statistischer Test kann sagen, welche Hypothese stimmt. Außerdem garantiert kein Test, dass ein Unterschied der Sterberaten auf die Chlorwaschungen zurückzuführen ist, denn es kann immer noch ein unerkannter Faktor das Geschehen beeinflusst haben. Dennoch werden wir sowohl nach dem klassischen als auch nach dem bayesschen Test klüger sein als zuvor.

9.1.1   Klassischer Test der Semmelweis-Vermutung

Um auf klassische Weise zu testen, muss man die Nullhypothese festlegen. Vom technischen Standpunkt aus könnte man sowohl Semmelweis' Vermutung als auch die seiner Gegner zur Nullhypothese erklären, denn beide sind testbar. Wir wissen aber, dass die Nullhypothese vom Test bevorzugt wird; damit sie abgelehnt wird, muss die Stichprobe deutlich gegen sie sprechen. Dem Vertreter der Alternativhypothese wird also die Beweislast auferlegt. Wir erklären die Hypothese der Ärztemehrheit zur Nullhypothese und nehmen damit Semmelweis in die Beweispflicht; denn er hat eine *Änderung* vorgeschlagen, und Änderungen sollten ihre Vorzüge deutlich zeigen, ehe sie an die Stelle des Bestehenden treten dürfen.

Wir testen also $H_0 : \pi_X \leq \pi_Y$ oder, anders ausgedrückt, $\pi_X - \pi_Y \leq 0$, und haben damit einen einseitigen Test nach Abschn. 5.3.4. Nun legen wir das Signifikanzniveau α fest. α gibt die maximal erlaubte Wahrscheinlichkeit dafür an, die Nullhypothese abzulehnen, falls diese stimmt. Je kleiner α, umso deutlicher müssen die Daten gegen H_0 sprechen, damit H_0 abgelehnt wird. Wir wählen mit $\alpha = 0,01$ einen kleinen Wert und verlangen damit überzeugende, in der Sprache der klassischen Statistiker: *hoch signifikante* Daten für ein Ablehnen der Nullhypothese.

Die Stichprobe besteht aus den $n_X = 20.042$ Entbindungen mit $x = 1989$ Sterbefällen vor Einführung der Chlorwaschungen und den $n_Y = 56.104$ Entbindungen mit $y = 1883$ Sterbefällen nach Einführung. Aus ihr erhalten wir gemäß (5.11) die Prüfgröße, die geschätzte Differenz der Sterberaten:

$$P = \hat{\delta}$$
$$= \hat{\pi}_X - \hat{\pi}_Y$$
$$= \frac{x}{n_X} - \frac{y}{n_Y}$$
$$= \frac{1989}{20.042} - \frac{1883}{56.104}$$
$$= 0{,}0992 - 0{,}0336$$
$$= 0{,}0656 \, .$$

Die Frage ist nun, ob die Prüfgröße mit der Nullhypothese verträglich ist. Wenn H_0 stimmt, erwarten wir für $1 - \alpha = 99\%$ aller Stichproben eine Prüfgröße *unter* der durch (5.12b) gegebenen Annahmegrenze

$$\delta_+ = \delta_0 + \Phi^{-1}(1 - \alpha) \sqrt{\frac{\hat{\pi}_X(1 - \hat{\pi}_X)}{n_X} + \frac{\hat{\pi}_Y(1 - \hat{\pi}_Y)}{n_Y}} \, .$$

Dabei ist δ_0 die hypothetische Grenze für $\pi_X - \pi_Y$, also $\delta_0 = 0$. Die Schätzungen $\hat{\pi}_X = 0{,}0992$ und $\hat{\pi}_Y = 0{,}0336$ haben wir vorhin im Zuge der Prüfgrößenermittlung berechnet. Damit ergibt sich

$$\delta_+ = 0 + 2{,}33 \cdot \sqrt{\frac{0{,}0992 \cdot (1 - 0{,}0992)}{20.042} + \frac{0{,}0336 \cdot (1 - 0{,}0336)}{56.104}}$$
$$= 0{,}0052 \, .$$

Die Prüfgröße liegt über dieser Grenze, und das kommt, sofern H_0 stimmt, nur mit einer Wahrscheinlichkeit $\leq 0{,}01$ vor. Stellt man in Rechnung, *wie weit* P über δ_+ liegt, dann fällt das Ergebnis noch deutlicher aus, denn die Wahrscheinlichkeit für einen derart hohen Wert der Prüfgröße ist, wenn H_0 stimmt, sehr viel kleiner als 0,01. Wir schließen daraus, dass die Nullhypothese unglaubwürdig ist, lehnen sie ab und entscheiden uns für die Semmelweis-Vermutung.

Ob oder mit welcher Wahrscheinlichkeit die Nullhypothese stimmt, sagt der Test nicht. Aus klassischer Sicht kann man von einer Wahrscheinlichkeit dafür gar nicht sprechen, denn ob H_0 stimmt, stand auch zu Semmelweis' Lebzeiten fest (man wusste es nur nicht) und war daher schon damals kein Zufallsereignis im objektivistischen Sinn.

9.1.2 Bayesscher Test der Semmelweis-Vermutung

Der bayessche Test besteht darin, die Wahrscheinlichkeiten der beiden Hypothesen $\Pi_X >$ Π_Y und $\Pi_X \leq \Pi_Y$ zu ermitteln (aus bayesscher Sicht sind die Anteile Zufallsgrößen und daher in Großbuchstaben zu schreiben). Damit wir Wahrscheinlichkeiten erhalten, wie man sie zu Semmelweis' Zeiten erhalten hätte, stellen wir nicht das heutige Wissen in Rechnung, sondern jenes, das man um 1860 hatte.

9.1.2.1 Posterioriverteilungen

Zunächst suchen wir Posterioriverteilungen von Π_X und Π_Y. Dafür brauchen wir Prioriverteilungen, die das Wissen vor Auswertung der Stichprobe widerspiegeln. Wir ziehen Semmelweis' Arbeiten heran; darin finden sich hunderte Jahresberichte europäischer Geburtskliniken, hauptsächlich aus London, Dublin, Edinburgh und Wien. Die verzeichneten Sterberaten variieren stark; so starben im Londoner General Lying-In Hospital im Jahr 1838 mehr als 26 % aller Gebärenden an Kindbettfieber, von 1844 bis 1846 hingegen keine einzige. Manche Aufzeichnungen sind unvollständig, bei vielen Todesfällen war die Ursache unklar. Doch nimmt man alle Berichte zusammen, könnte man eine Sterberate um 2,1 % für die wahrscheinlichste halten, eine um 3 % für halb so wahrscheinlich. Das gilt für Entbindungen ohne Chlorwaschung *und* für solche mit Chlorwaschung, denn der Einfluss des Waschens war vor der Stichprobe unbekannt. Davon ausgehend, ermitteln wir die Parameter a' und b' einer Beta-Prioriverteilung (also einer konjugierten) für beide Anteile nach Abschn. 6.4.4.2. Unsere Einschätzung des Vorwissens bedeutet:

$$m = 0{,}021\,,$$

$$\pi_v = 0{,}03\,,$$

$$\frac{f(\pi_v)}{f(m)} = 0{,}5\,.$$

Wegen $0 < m < 1$ liegt Fall 3 vor, und (6.6a) und (6.6b) ergibt, auf ganze Zahlen gerundet:

$$
\begin{aligned}
a' &= \frac{\ln \dfrac{f(\pi_v)}{f(m)}}{\ln \dfrac{\pi_v}{m} + \dfrac{1-m}{m}\,\ln \dfrac{1-\pi_v}{1-m}} + 1 \\[2mm]
&= \frac{\ln 0{,}5}{\ln \dfrac{0{,}03}{0{,}021} + \dfrac{1-0{,}021}{0{,}021}\,\ln \dfrac{1-0{,}03}{1-0{,}021}} + 1 \\[2mm]
&= 10\,,
\end{aligned}
$$

$$b' = \cfrac{\ln \cfrac{f(\pi_v)}{f(m)}}{\ln \cfrac{\pi_v}{m} + \cfrac{1-m}{m} \ln \cfrac{1-\pi_v}{1-m}} \cdot \cfrac{1-m}{m} + 1$$

$$= \cfrac{\ln 0.5}{\ln \cfrac{0.03}{0.021} + \cfrac{1-0.021}{0.021} \ln \cfrac{1-0.03}{1-0.021}} \cdot \cfrac{1-0.021}{0.021} + 1$$

$$= 438 \,.$$

Die Stichprobe besteht aus den $n_X = 20.042$ Entbindungen mit $x = 1989$ Sterbefällen vor Einführung der Chlorwaschungen und den $n_Y = 56.104$ Entbindungen mit $y = 1883$ Sterbefällen nach deren Einführung. Die Parameter der Posterioriverteilungen von Π_X und Π_Y folgen daraus nach (6.21c) und (6.21d):

$$a''_{\Pi_X} = a' + x$$
$$= 10 + 1989$$
$$= 1999 \,,$$
$$b''_{\Pi_X} = b' + n_X - x$$
$$= 438 + 20.042 - 1989$$
$$= 18.491 \,,$$
$$a''_{\Pi_Y} = a' + y$$
$$= 10 + 1883$$
$$= 1893 \,,$$
$$b''_{\Pi_Y} = b' + n_Y - y$$
$$= 438 + 56.104 - 1883$$
$$= 54.659 \,.$$

Wir nähern die Beta-Posterioriverteilungen durch Normalverteilungen an. Nach (6.22a) und (6.22b) erhalten wir

$$\mu''_{\Pi_X} = \frac{a''_{\Pi_X}}{a''_{\Pi_X} + b''_{\Pi_X}}$$
$$= \frac{1999}{1999 + 18.491}$$
$$= 0.0976 \,,$$

$$\sigma_{\Pi_X}''^2 = \frac{a_{\Pi_X}'' b_{\Pi_X}''}{(a_{\Pi_X}'' + b_{\Pi_X}'')^2 \, (a_{\Pi_X}'' + b_{\Pi_X}'' + 1)}$$

$$= \frac{1999 \cdot 18.491}{(1999 + 18.491)^2 \cdot (1999 + 18.491 + 1)}$$

$$= 0{,}00000430 \,,$$

$$\mu_{\Pi_Y}'' = \frac{a_{\Pi_Y}''}{a_{\Pi_Y}'' + b_{\Pi_Y}''}$$

$$= \frac{1893}{1893 + 54.659}$$

$$= 0{,}0335 \,,$$

$$\sigma_{\Pi_Y}''^2 = \frac{a_{\Pi_Y}'' b_{\Pi_Y}''}{(a_{\Pi_Y}'' + b_{\Pi_Y}'')^2 \, (a_{\Pi_Y}'' + b_{\Pi_Y}'' + 1)}$$

$$= \frac{1893 \cdot 54.659}{(1893 + 54.659)^2 \cdot (1893 + 54.659 + 1)}$$

$$= 0{,}00000057 \,.$$

Die Posterioriverteilung der Differenz der Anteile, $\Pi_X - \Pi_Y$, ist eine Normalverteilung mit Parametern nach (6.24d) und (6.24e),

$$\mu_{\Pi_X - \Pi_Y}'' = \mu_{\Pi_X}'' - \mu_{\Pi_Y}''$$

$$= 0{,}0976 - 0{,}0335$$

$$= 0{,}0641 \,,$$

$$\sigma_{\Pi_X - \Pi_Y}''^2 = \sigma_{\Pi_X}''^2 + \sigma_{\Pi_Y}''^2$$

$$= 0{,}00000430 + 0{,}00000057$$

$$= 0{,}00000487 \,.$$

9.1.2.2   Test der Hypothesen

Um die Hypothesen nach Abschn. 8.2.4 testbar zu machen, schreiben wir sie in der Form $\Pi_X - \Pi_Y > 0$ bzw. $\Pi_X - \Pi_Y \leq 0$. Nun handelt es sich um Hypothesen über die Differenz der Anteile, und aus der Posterioriverteilung dieser Differenz folgen die Wahrscheinlichkeiten der Hypothesen. Mit $\delta_0 = 0$ gilt nach (8.4a und 8.4b):

$$p(\Pi_X - \Pi_Y > 0) = 1 - \Phi\left(\frac{0 - \mu_{\Pi_X - \Pi_Y}''}{\sigma_{\Pi_X - \Pi_Y}''} \right)$$

$$= 1 - \Phi\left(\frac{0 - 0{,}0641}{\sqrt{0{,}00000487}} \right)$$

$$= 1 - \Phi(-29{,}0)$$

$$\approx 1 \,,$$

$$p(\Pi_X - \Pi_Y \le 0) = \Phi\left(\frac{0 - \mu''_{\Pi_X-\Pi_Y}}{\sigma''_{\Pi_X-\Pi_Y}}\right)$$

$$= \Phi\left(\frac{0 - 0{,}0641}{\sqrt{0{,}00000487}}\right)$$

$$= \Phi(-29{,}0)$$

$$\approx 0\,.$$

Semmelweis' Hypothese stimmt also, beurteilt auf Basis des verwendeten Vorwissens und der Stichprobe, mit einer Wahrscheinlichkeit nahe 1, die seiner Gegner nur mit einer Wahrscheinlichkeit nahe 0. Diese Werte sind so extrem, weil die hypothetische Grenze für $\Pi_X - \Pi_Y$, nämlich der Wert 0, rund 29 Standardabweichungen unter dem Mittelwert der Posterioriverteilung liegt. Dort gilt die Normalverteilungsnäherung nicht mehr, und daher sind die genauen Wahrscheinlichkeiten so nicht zu ermitteln. Die Normalverteilungsnäherung ergäbe $1 - 10^{-185}$ und 10^{-185}; diese Zahlen sind nicht als genaue Resultate zu werten, doch sie liegen so nahe an 1 und an 0, dass man sagen kann, die tatsächlichen Wahrscheinlichkeiten seien praktisch 1 und 0.

9.2   Millikans Messung der Elementarladung

Millikans Bestimmung der Elementarladung e ist in Abschn. 1.3.2 beschrieben. Der publizierte Wert, $1{,}5924 \cdot 10^{-19}$ Coulomb, ist ein Mittelwert aus 23 Messungen mit einer Standardabweichung von $0{,}0031 \cdot 10^{-19}$ Coulomb [16]. Wir kümmern uns nicht um systematische Messfehler; als Statistiker konzentrieren wir uns auf die zufälligen: jene, die bei der einen Messung einen zu hohen, bei der anderen einen zu niedrigen Wert zur Folge haben und so das Streuen der Messwerte bewirken. Wir schließen daher nicht auf den wahren Wert von e, sondern nur auf den Erwartungswert der Messung, also jenen Wert, den man im Mittel über sehr viele, im Idealfall „unendlich viele" Messungen unter Millikans Bedingungen erwarten würde. Diesen schätzen wir nun, einmal klassisch, einmal nach Bayes. Im ganzen Abschnitt geben wir die Ladungswerte in Coulomb an.

9.2.1   Klassische Schätzung zu Millikans Messung

Wir haben eine Stichprobe von $n = 23$ Messungen mit einem Mittelwert von $\overline{x} = 1{,}5924 \cdot 10^{-19}$ und einer Standardabweichung von $s = 0{,}0031 \cdot 10^{-19}$. Den Erwartungswert μ der Messung schätzen wir so, dass die Stichprobenwerte möglichst wenig von ihm abweichen in dem Sinn, dass die Summe der Abweichungsquadrate minimal wird (Abschn. 4.1.2). Das führt nach (4.1) zur Punktschätzung

$$\hat{\mu} = \overline{x}$$

$$= 1{,}5924 \cdot 10^{-19}\,.$$

Sie ist optimal im genannten Sinn. Um zu erfahren, wie genau sie ist, suchen wir zwei Grenzen μ_1 und μ_2, zwischen denen der wahre Wert mit Wahrscheinlichkeit $\gamma = 0{,}95$ liegt, also ein 95 %-Konfidenzintervall für μ. Da wir die Varianz der Gesamtheit der „unendlich vielen" Messwerte nicht kennen, schätzen wir sie nach (4.2) und verwenden dazu die Varianz s^2 der Stichprobe nach (3.28). Nach (4.2) gilt:

$$\hat{\sigma}^2 = \frac{1}{n-1} \sum_{i=1}^{n}(x_i - \hat{\mu})^2 \,;$$

gemäß (4.1) und (3.27) ist $\hat{\mu} = \overline{x}$, und dies führt mit (3.28) auf:

$$\begin{aligned}
\hat{\sigma}^2 &= \frac{1}{n-1} \sum_{i=1}^{n}(x_i - \overline{x})^2 \\
&= \frac{ns^2}{n-1} \\
&= \frac{23 \cdot (0{,}0031 \cdot 10^{-19})^2}{23 - 1} \\
&= 1{,}00 \cdot 10^{-43} \,.
\end{aligned}$$

Daraus folgt die Schätzung der Standardabweichung nach (4.3):

$$\begin{aligned}
\hat{\sigma} &= \sqrt{\hat{\sigma}^2} \\
&= \sqrt{1{,}00 \cdot 10^{-43}} \\
&= 0{,}0032 \cdot 10^{-19} \,.
\end{aligned}$$

Mit dieser erhalten wir die Grenzen des Konfidenzintervalls gemäß (4.8c) und (4.8d):

$$\begin{aligned}
\mu_1 &= \hat{\mu} - \Phi^{-1}\left(\frac{1+\gamma}{2}\right) \frac{\hat{\sigma}}{\sqrt{n}} \\
&= 1{,}5924 \cdot 10^{-19} - 1{,}96 \cdot \frac{0{,}0032 \cdot 10^{-19}}{\sqrt{23}} \\
&= 1{,}5911 \cdot 10^{-19} \,, \\
\mu_2 &= \hat{\mu} + \Phi^{-1}\left(\frac{1+\gamma}{2}\right) \frac{\hat{\sigma}}{\sqrt{n}} \\
&= 1{,}5924 \cdot 10^{-19} + 1{,}96 \cdot \frac{0{,}0032 \cdot 10^{-19}}{\sqrt{23}} \\
&= 1{,}5937 \cdot 10^{-19} \,.
\end{aligned}$$

Subjektivistisch betrachtet können wir nun sagen, der wahre Wert von μ liege mit Wahrscheinlichkeit 0,95 zwischen $1{,}5911 \cdot 10^{-19}$ und $1{,}5937 \cdot 10^{-19}$, objektivistisch betrachtet dürfen wir das nicht. (Die Interpretation von Konfidenzintervallen haben wir in Abschn. 4.3.2 diskutiert.)

9.2.2 Bayessche Schätzung zu Millikans Messung

9.2.2.1 Posterioriverteilung

Wir brauchen eine Posterioriverteilung; dazu ist eine Prioriverteilung nötig, die das Vorwissen wiedergibt. Wir wählen eine Normalverteilung, da Messwerte nach dem gaußschen Fehlergesetz annähernd normalverteilt sind und eine normale und somit konjugierte Prioriverteilung das Rechnen erleichtert. Millikans Vorwissen bestand hauptsächlich aus der Kenntnis zuvor publizierter Werte für die Elementarladung. Er zitiert vier: $1{,}631 \cdot 10^{-19}$ (Millikan 1911), $1{,}414 \cdot 10^{-19}$ (Perrin 1911), $1{,}671 \cdot 10^{-19}$ (Fletcher 1911) und $1{,}568 \cdot 10^{-19}$ (Svedberg 1912). Daraus bestimmen wir nun nach Abschn. 6.4.4.1 die Priori-Parameter.

Den Mittelwert der vier Messungen, $1{,}5710 \cdot 10^{-19}$, halten wir für den plausibelsten Wert und schreiben ihm die größte Dichte zu: Wir betrachten ihn als Modus der Prioriverteilung. Perrins Wert ist deutlich niedriger als die anderen. Da es unwahrscheinlich ist, dass der wahre Wert noch niedriger ist, schreiben wir solchen Werten nur kleine Dichten zu; beispielsweise gewähren wir dem Wert $1{,}4 \cdot 10^{-19}$ gerade 1 % der Dichte des Modus. Aus diesen Einschätzungen,

$$m = 1{,}5710 \cdot 10^{-19},$$

$$\mu_v = 1{,}4 \cdot 10^{-19},$$

$$\frac{f(\mu_v)}{f(m)} = 0{,}01,$$

folgt nach (6.3a) und (6.3b):

$$\mu' = m$$
$$= 1{,}5710 \cdot 10^{-19},$$

$$\sigma'^2 = -\frac{(\mu_v - m)^2}{2 \ln \dfrac{f(\mu_v)}{f(m)}}$$

$$= -\frac{(1{,}4 \cdot 10^{-19} - 1{,}5710 \cdot 10^{-19})^2}{2 \ln 0{,}01}$$

$$= 3{,}2 \cdot 10^{-41}.$$

Damit ist die Prioriverteilung festgelegt, wie Millikan sie festgelegt haben könnte. Von der Stichprobe, $n = 23$ Messungen, sind Mittelwert und Varianz bekannt:

$$\overline{x} = 1{,}5924 \cdot 10^{-19},$$

$$s^2 = (0{,}0031 \cdot 10^{-19})^2 = 9{,}6 \cdot 10^{-44}.$$

Da wir die Varianz der Gesamtheit aller denkbaren Messungen nicht kennen, ergeben sich
die Parameter der Posterioriverteilung nach (6.19c) und (6.19d):

$$\mu'' = \frac{\sigma'^2 \overline{x} + \dfrac{s^2}{n} \mu'}{\sigma'^2 + \dfrac{s^2}{n}}$$

$$= \frac{3{,}2 \cdot 10^{-41} \cdot 1{,}5924 \cdot 10^{-19} + \dfrac{9{,}6 \cdot 10^{-44}}{23} \cdot 1{,}5710 \cdot 10^{-19}}{3{,}2 \cdot 10^{-41} + \dfrac{9{,}6 \cdot 10^{-44}}{23}}$$

$$= 1{,}5924 \cdot 10^{-19} \,,$$

$$\sigma''^2 = \frac{\sigma'^2 \dfrac{s^2}{n}}{\sigma'^2 + \dfrac{s^2}{n}}$$

$$= \frac{3{,}2 \cdot 10^{-41} \cdot \dfrac{9{,}6 \cdot 10^{-44}}{23}}{3{,}2 \cdot 10^{-41} + \dfrac{9{,}6 \cdot 10^{-44}}{23}}$$

$$= 4{,}2 \cdot 10^{-45} \,.$$

9.2.2.2   Schätzung

Anhand dieser Posterioriverteilung schätzen wir nun den Erwartungswert der Messung
unter Millikans Bedingungen. Da die Verteilung normal ist, ist es egal, ob wir zur Punktschätzung ihren Mittelwert, ihren Median oder ihren Modus verwenden; denn die drei sind
identisch und führen zum selben Resultat, und dieses lautet gemäß (7.1):

$$\hat{\mu} = \mu''$$
$$= 1{,}5924 \cdot 10^{-19} \,.$$

Nun wollen wir wissen, mit welcher Unsicherheit dieser Wert behaftet ist. Dazu suchen
wir zwei Grenzen μ_1 und μ_2, zwischen denen der wahre Wert mit Wahrscheinlichkeit $\gamma = 0{,}95$ liegt; in der Bayes-Statistik ist das ein beidseitig begrenztes 95%-
Kredibilitätsintervall. Wegen der Symmetrie der Normalverteilung sind symmetrisches,
gleichendiges und HPD-Intervall identisch; jede Wahl führt auf die Kredibilitätsgrenzen
nach (7.5c) und (7.5d),

$$\mu_1 = \mu'' - \Phi^{-1}\left(\frac{1+\gamma}{2}\right) \sigma''$$
$$= 1{,}5924 \cdot 10^{-19} - 1{,}96 \cdot \sqrt{4{,}2 \cdot 10^{-45}}$$
$$= 1{,}5911 \cdot 10^{-19} \,,$$

$$\mu_2 = \mu'' + \Phi^{-1}\left(\frac{1+\gamma}{2}\right)\sigma''$$
$$= 1{,}5924 \cdot 10^{-19} + 1{,}96 \cdot \sqrt{4{,}2 \cdot 10^{-45}}$$
$$= 1{,}5937 \cdot 10^{-19}.$$

Auf Basis aller verwerteten Information, nämlich der vorhergegangenen Messungen und jener Millikans, liegt der Erwartungswert der Messung mit Wahrscheinlichkeit 0,95 zwischen $1{,}5911 \cdot 10^{-19}$ und $1{,}5937 \cdot 10^{-19}$.

Klassische und bayessche Schätzungen ergeben bis zur fünften signifikanten Stelle die gleichen Werte. Der Grund dafür ist, dass in den bayesschen Schätzungen ein ziemlich vages Vorwissen verwendet wird: vier Messwerte, die beträchtlich streuen. Die daraus abgeleitete Prioriverteilung hat eine so große Varianz, dass sie im interessierenden Wertebereich beinahe uniform ist. Damit verkörpert sie sehr wenig Vorwissen, und so unterscheiden sich die bayesschen Schätzungen nur unmerklich von den klassischen, die ja gar kein Vorwissen enthalten.

Hätten wir hingegen die Prioriverteilung aus dem heutigen, sehr präzisen Wissen abgeleitet, also $\mu' = 1{,}602176565 \cdot 10^{-19}$ und $\sigma'^2 = 1{,}225 \cdot 10^{-53}$ gesetzt [17], dann hätten wir als bayessche Punktschätzung genau den heute gültigen Wert erhalten und als Intervall $[1{,}602176496 \cdot 10^{-19},\ 1{,}602176634 \cdot 10^{-19}]$. (Damit hätten wir aber den wahren Wert der Elementarladung geschätzt und nicht den Erwartungswert von Millikans Messungen; denn die neue Prioriverteilung berücksichtigt nicht die systematischen Fehler der Experimente im frühen zwanzigsten Jahrhundert.)

9.3   Das Milgram-Experiment zum Gehorsam

Dieses Experiment haben wir in Abschn. 1.3.3 beschrieben. Der vom Verleger beigesteuerte Klappentext der deutschen Ausgabe von Milgrams Buch „Obedience to Authority. An Experiment View" [15] fasst das Ergebnis in einem Satz zusammen: „Drei Viertel der Durchschnittsbevölkerung können durch eine pseudowissenschaftliche Autorität dazu gebracht werden, in bedingungslosem Gehorsam einen ihnen völlig unbekannten, unschuldigen Menschen zu quälen, zu foltern, ja zu liquidieren." Wir fragen uns, ob man einen solchen Schluss aus Milgrams Ergebnissen tatsächlich ziehen kann. Dazu müssen wir zwei Dinge aus dem Satz entfernen: erstens die unklaren Begriffe „Durchschnittsbevölkerung", „pseudowissenschaftlich" und „bedingungsloser Gehorsam", und zweitens die Behauptung, die Menschen wären auch bereit zu liquidieren, denn Milgram hat bewusstes Töten nicht simuliert und daher sagen seine Zahlen darüber nichts aus.

Wir betrachten also statt der ursprünglichen Behauptung eine andere, die ihr nahe kommt, aber leichter zu untersuchen ist: „Drei Viertel der Erwachsenen können durch den Anschein einer wissenschaftlichen Autorität dazu gebracht werden, einen ihnen völlig unbekannten, unschuldigen Menschen so zu quälen, dass er sterben kann." Wenn wir jene, die das Experiment als Lehrer bis zur höchsten Schockstufe mitmachen würden, *Ge-horsame* nennen und ihren Anteil unter den Erwachsenen mit π bezeichnen, dann lautet die Hypothese: $\pi = 0{,}75$. Milgrams Stichprobe bestand aus 80 Personen (40 Frauen und 40 Männern), von denen jeweils 26, insgesamt also 52, gehorsam waren. Diese Stichprobe verwenden wir nun, um den Anteil der Gehorsamen in der Gesamtheit zu schätzen und die Hypothese zu testen.

9.3.1 Das Milgram-Experiment aus klassischer Sicht

9.3.1.1 Schätzung des Anteils

Wir haben eine Stichprobe mit $n = 80$ Personen, darunter $x = 52$ Gehorsame. Diese Beobachtung wird am wahrscheinlichsten, wenn der Anteil π der Gehorsamen in der Ge-samtheit den gleichen Wert hat wie deren Anteil in der Stichprobe. Das ist das Maximum-Likelihood-Kriterium, und aus diesem folgt nach (4.4) die Punktschätzung

$$
\begin{aligned}
\hat{\pi} &= \frac{x}{n} \\
&= \frac{52}{80} \\
&= 0{,}65\,.
\end{aligned}
$$

Wir wollen nun wissen, mit welcher Unsicherheit diese Schätzung behaftet ist. Dazu su-chen wir zwei Grenzen π_1 und π_2, zwischen denen der wahre Wert von π mit Wahrschein-lichkeit $\gamma = 0{,}95$ liegt; also ein 95 %-Konfidenzintervall. Wir erhalten sie nach (4.10c) und (4.10d) aus der Punktschätzung $\hat{\pi}$, dem Stichprobenumfang n und dem Z-Wert der Standardnormalverteilung, für den $\Phi(z) = (1 + \gamma)/2 = 0{,}975$ gilt:

$$
\begin{aligned}
\pi_1 &= \hat{\pi} - \Phi^{-1}\left(\frac{1+\gamma}{2}\right)\sqrt{\frac{\hat{\pi}(1-\hat{\pi})}{n}} \\
&= 0{,}65 - 1{,}96 \cdot \sqrt{\frac{0{,}65 \cdot (1 - 0{,}65)}{80}} \\
&= 0{,}545\,, \\
\pi_2 &= \hat{\pi} + \Phi^{-1}\left(\frac{1+\gamma}{2}\right)\sqrt{\frac{\hat{\pi}(1-\hat{\pi})}{n}} \\
&= 0{,}65 + 1{,}96 \cdot \sqrt{\frac{0{,}65 \cdot (1 - 0{,}65)}{80}} \\
&= 0{,}755\,.
\end{aligned}
$$

Aus subjektivistischer Sicht kann man nun sagen, der wahre Wert von π liege mit Wahr-scheinlichkeit 0,95 zwischen 0,545 und 0,755; objektivistisch betrachtet darf man das nicht. (Die Interpretation von Konfidenzintervallen haben wir in Abschn. 4.3.2 diskutiert.)

9.3.1.2   Test der Hypothese

Nun testen wir die Hypothese $\pi = 0{,}75$. Wieder müssen wir eine Nullhypothese festlegen. Diesmal aber können wir, anders als bei der Semmelweis-Vermutung, H_0 nicht nach inhaltlichen Kriterien wählen. Denn $\pi \neq 0{,}75$ wäre keine testbare Nullhypothese; wir könnten nicht sagen, welche Beobachtung wir erwarten, falls sie stimmt. Es bleibt nur übrig, $\pi = 0{,}75$ als Nullhypothese zu wählen – das erlaubt eine Vorhersage. Wir wählen ein Signifikanzniveau von 5 %, weil das die übliche Wahl ist und wir keinen Grund haben, davon abzuweichen, und führen einen zweiseitigen Test nach Abschn. 5.3.2 durch. Die Prüfgröße kennen wir schon:

$$
\begin{aligned}
P &= \hat{\pi} \\
&= \frac{x}{n} \\
&= \frac{52}{80} \\
&= 0{,}65 \ .
\end{aligned}
$$

Die Grenzen, zwischen denen P liegen muss, damit H_0 angenommen wird, ergeben sich nach (5.6c) und (5.6d), wobei π_0 der hypothetische Anteil von 0,75 ist und n die Stichprobengröße:

$$
\begin{aligned}
\pi_1 &= \pi_0 - \Phi^{-1}\left(1 - \frac{\alpha}{2}\right)\sqrt{\frac{\pi_0(1-\pi_0)}{n}} \\
&= 0{,}75 - 1{,}96 \cdot \sqrt{\frac{0{,}75 \cdot (1 - 0{,}75)}{80}} \\
&= 0{,}655 \ ,
\end{aligned}
$$

$$
\begin{aligned}
\pi_2 &= \pi_0 + \Phi^{-1}\left(1 - \frac{\alpha}{2}\right)\sqrt{\frac{\pi_0(1-\pi_0)}{n}} \\
&= 0{,}75 + 1{,}96 \cdot \sqrt{\frac{0{,}75 \cdot (1 - 0{,}75)}{80}} \\
&= 0{,}845 \ .
\end{aligned}
$$

Da P außerhalb der Annahmegrenzen liegt, lehnen wir H_0 ab. Mit $\alpha = 0{,}01$ hätte man $\pi_1 = 0{,}625$ erhalten und P läge im Annahmebereich. Die Daten sind also *gerade noch* oder *gerade nicht mehr* mit H_0 verträglich, je nachdem, welche Abweichung man toleriert. Man muss also zur Entscheidung (H_0 angenommen oder abgelehnt) immer dazusagen, auf welchem Signifikanzniveau sie getroffen wurde.

Ob oder mit welcher Wahrscheinlichkeit die Nullhypothese stimmt, sagt der Test nicht. Aus klassischer Sicht gibt es dafür gar keine Wahrscheinlichkeit, denn ob H_0 stimmt, steht fest (man weiß es nur nicht) und ist daher kein Zufallsereignis im objektivistischen Sinn.

Unser Test hat einen schwachen Punkt: Die Hypothese, drei Viertel der Erwachsenen würden sich in bestimmter Weise verhalten, beruht auf Milgrams Daten, denselben Daten also, mit denen wir sie getestet haben. Das macht den Test ungültig; denn wie in Abschn. 5.6.3 festgestellt, stimmt die Berechnung der Annahmegrenzen nur, wenn Nullhypothese und Stichprobe voneinander unabhängig sind, und diese Bedingung ist hier verletzt. Für einen gültigen Test müssen wir statt Milgrams Zahlen andere verwenden, die nichts mit dem Entstehen der Hypothese zu tun haben, beispielsweise Ergebnisse einer Wiederholung des Experiments. Das werden wir nun tun.

9.3.1.3 Test mit unabhängigen Daten

Die vermutlich getreueste Nachstellung des Milgram-Experiments gelang 1970 dem amerikanischen Psychologen David Mantell, und daher sind seine Resultate am ehesten zum Testen geeignet. Mantell fand unter 46 Versuchspersonen 39 Gehorsame [14]. Damit erhalten wir eine neue Prüfgröße,

$$P = \frac{39}{46}$$
$$= 0,848$$

und neue Annahmegrenzen:

$$\pi_1 = 0,75 - 1,96 \cdot \sqrt{\frac{0,75 \cdot (1 - 0,75)}{46}}$$
$$= 0,625\,,$$

$$\pi_2 = 0,75 + 1,96 \cdot \sqrt{\frac{0,75 \cdot (1 - 0,75)}{46}}$$
$$= 0,875\,.$$

P fällt in den Annahmebereich und wir nehmen die Nullhypothese an. Mantells Stichprobe liefert keinen ausreichenden Grund zur Ablehnung.

9.3.2 Das Milgram-Experiment aus bayesscher Sicht

9.3.2.1 Posterioriverteilung

Vor Milgrams Versuchen wusste man nichts über den Anteil Π der Gehorsamen. Wir drücken dieses Unwissen durch eine nichtinformative konjugierte Prioriverteilung aus: Jeffreys' Prior, also eine Betaverteilung mit $a' = b' = 0,5$. Die Stichprobe umfasst $n = 80$ Personen, darunter $x = 52$ Gehorsame. Damit erhalten wir nach (6.21c) und (6.21d) die Parameter der Posterioriverteilung von Π:

$$a'' = a' + x$$
$$= 0,5 + 52$$
$$= 52,5\,,$$
$$b'' = b' + n - x$$
$$= 0,5 + 80 - 52$$
$$= 28,5\,.$$

Für die Normalverteilungsnäherung ergeben sich nach (6.22a) und (6.22b) die Parameter

$$\mu'' = \frac{a''}{a'' + b''}$$
$$= \frac{52{,}5}{52{,}5 + 28{,}5}$$
$$= 0{,}648\,,$$

$$\sigma''^{2} = \frac{a''b''}{(a'' + b'')^2\,(a'' + b'' + 1)}$$
$$= \frac{52{,}5 \cdot 28{,}5}{(52{,}5 + 28{,}5)^2 \cdot (52{,}5 + 28{,}5 + 1)}$$
$$= 0{,}00278\,.$$

9.3.2.2 Schätzung des Anteils

Als Punktschätzung für Π verwenden wir den Posteriori-Median gemäß (7.2b):

$$\hat{\pi} = \frac{a'' - 1/3}{a'' + b'' - 2/3}$$
$$= \frac{52{,}5 - 1/3}{52{,}5 + 28{,}5 - 2/3}$$
$$= 0{,}649\,.$$

Um die Unsicherheit der Schätzung zu erkunden, suchen wir zwei Grenzen π_1 und π_2, zwischen denen der wahre Wert von Π mit Wahrscheinlichkeit $\gamma = 0{,}95$ liegt. Das sind die Grenzen eines 95 %-Kredibilitätsintervalls nach (7.6c) und (7.6d):

$$\pi_1 = \mu'' - \Phi^{-1}\left(\frac{1 + \gamma}{2}\right)\sigma''$$
$$= 0{,}648 - 1{,}96 \cdot \sqrt{0{,}00278}$$
$$= 0{,}545\,,$$

$$\pi_2 = \mu'' + \Phi^{-1}\left(\frac{1 + \gamma}{2}\right)\sigma''$$
$$= 0{,}648 + 1{,}96 \cdot \sqrt{0{,}00278}$$
$$= 0{,}751\,.$$

Der Anteil liegt also mit 95 % Wahrscheinlichkeit zwischen 0,545 und 0,751.

9.3.2.3 Test der Hypothese

Nun betrachten wir die Hypothese $\Pi = 0{,}75$. Die Wahrscheinlichkeit dafür, dass eine stetige Größe einen bestimmten Wert annimmt, ist 0, und damit ist die Hypothese so gut wie sicher falsch. Wir fragen stattdessen, mit welcher Wahrscheinlichkeit der Anteil *75 % oder mehr* beträgt. (Hinter der Behauptung, der Anteil betrage drei Viertel, steckt vielleicht die Befürchtung, er betrage drei Viertel oder mehr.) Ausgehend von der Normalverteilungsnäherung erhalten wir nach (8.2a) mit $\pi_0 = 0{,}75$:

$$p(\Pi \geq 0{,}75) = 1 - \Phi\left(\frac{0{,}75 - \mu''}{\sigma''}\right)$$

$$= 1 - \Phi\left(\frac{0{,}75 - 0{,}648}{\sqrt{0{,}00278}}\right)$$

$$= 1 - \Phi(1{,}93)$$

$$= 0{,}0268 \,.$$

Die Hypothese $\Pi \geq 0{,}75$ stimmt also, beurteilt ohne Vorwissen auf der Grundlage von Milgrams Stichprobe, nur mit einer Wahrscheinlichkeit von 2,68 %.

9.3.2.4 Auswertung des Mantell-Experiments

Millikans Experimente wurden mehrfach nachgestellt. Das ermöglicht uns, weitere Ergebnisse zu verwerten und damit unsere Aussagen auf eine breitere Datenbasis zu stützen. Wir führen zu diesem Zweck eine zweite bayessche Analyse durch und benutzen als Stichprobe das Ergebnis von Mantell (Abschn. 9.3.1.3). Der Rechengang ist weitgehend gleich wie jener mit Milgrams Daten.

Zunächst ermitteln wir eine neue Posterioriverteilung. Als Prioriverteilung verwenden wir die bisherige Posterioriverteilung, denn diese enthält unser gesamtes Wissen über Π *vor* dem Mantell-Versuch. Wir haben also eine Beta-Prioriverteilung mit $a' = 52{,}5$ und $b' = 28{,}5$. Aus dieser und Mantells Daten, $n = 46$ und $x = 39$, ergeben sich die Posteriori-Parameter

$$a'' = 52{,}5 + 39$$

$$= 91{,}5 \,,$$

$$b'' = 28{,}5 + 46 - 39$$

$$= 35{,}5 \,.$$

Die weiteren Schlüsse beruhen nun auf der neuen Posterioriverteilung. Ihre Normalverteilungsnäherung hat die Parameter

$$\mu'' = \frac{91{,}5}{91{,}5 + 35{,}5}$$

$$= 0{,}720 \,,$$

$$\sigma''^2 = \frac{91{,}5 \cdot 35{,}5}{(91{,}5 + 35{,}5)^2 \cdot (91{,}5 + 35{,}5 + 1)}$$

$$= 0{,}00157 \,.$$

Als Punktschätzung für Π verwenden wir den Median

$$\hat{\pi} = \frac{91{,}5 - 1/3}{91{,}5 + 35{,}5 - 2/3}$$
$$= 0{,}722 \,.$$

Für das 95 %-Kredibilitätsintervall ergeben sich die Grenzen

$$\pi_1 = 0{,}720 - 1{,}96 \cdot \sqrt{0{,}00157}$$
$$= 0{,}642 \,,$$
$$\pi_2 = 0{,}720 + 1{,}96 \cdot \sqrt{0{,}00157}$$
$$= 0{,}798 \,.$$

Die Hypothese $\Pi \geq 0{,}75$ stimmt mit der Wahrscheinlichkeit

$$p(\Pi \geq 0{,}75) = 1 - \Phi\left(\frac{0{,}75 - 0{,}720}{\sqrt{0{,}00157}}\right)$$
$$= 1 - \Phi(0{,}76)$$
$$= 0{,}2236 \,.$$

Die neue Stichprobe mit ihrem höheren Anteil an Gehorsamen hat erwartungsgemäß die Schätzung für Π angehoben und die Hypothese $\Pi \geq 0{,}75$ wahrscheinlicher gemacht.

Dieselben Werte für a'' und b'', also dieselbe Posterioriverteilung und damit in allen Punkten identische Resultate hätten wir erhalten, wenn wir *zuerst* das Mantell- und *dann* das Milgram-Experiment ausgewertet oder wenn wir *beide zusammen* als ein einziges Experiment betrachtet hätten. Es spielt also in der Bayes-Statistik keine Rolle, in welcher Reihenfolge die Befunde eintreffen oder ausgewertet werden. Maßgeblich ist einzig und allein das *gesamte* Wissen.

Anhang – Standardnormalverteilung

Die Standardnormalverteilung hat die Dichte

$$\varphi(z) = \frac{1}{\sqrt{2\pi}}\, e^{-\frac{z^2}{2}}$$

(φ: „phi"). Daher ist die Wahrscheinlichkeit dafür, dass die standardnormalverteilte Größe Z den Wert z nicht überschreitet,

$$p(Z \leq z)\,,$$

gegeben durch die Verteilungsfunktion

$$\Phi(z) = \frac{1}{\sqrt{2\pi}} \int_{-\infty}^{z} e^{-\frac{t^2}{2}}\, dt\,.$$

Diese ist auf der folgenden Doppelseite für $-3 \leq z \leq 3$ tabelliert.

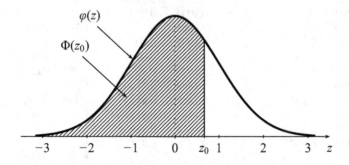

Abb. 1 Dichte φ (Graph) und Verteilungsfunktion Φ (Fläche) der Standardnormalverteilung

W. Tschirk, *Statistik: Klassisch oder Bayes*, Springer-Lehrbuch,
DOI 10.1007/978-3-642-54385-2, © Springer-Verlag Berlin Heidelberg 2014

z	$\Phi(-z)$	$\Phi(z)$	z	$\Phi(-z)$	$\Phi(z)$	z	$\Phi(-z)$	$\Phi(z)$
0,01	0,4960	0,5040	0,51	0,3050	0,6950	1,01	0,1562	0,8438
0,02	0,4920	0,5080	0,52	0,3015	0,6985	1,02	0,1539	0,8461
0,03	0,4880	0,5120	0,53	0,2981	0,7019	1,03	0,1515	0,8485
0,04	0,4840	0,5160	0,54	0,2946	0,7054	1,04	0,1492	0,8508
0,05	0,4801	0,5199	0,55	0,2912	0,7088	1,05	0,1469	0,8531
0,06	0,4761	0,5239	0,56	0,2877	0,7123	1,06	0,1446	0,8554
0,07	0,4721	0,5279	0,57	0,2843	0,7157	1,07	0,1423	0,8577
0,08	0,4681	0,5319	0,58	0,2810	0,7190	1,08	0,1401	0,8599
0,09	0,4641	0,5359	0,59	0,2776	0,7224	1,09	0,1379	0,8621
0,10	0,4602	0,5398	0,60	0,2743	0,7257	1,10	0,1357	0,8643
0,11	0,4562	0,5438	0,61	0,2709	0,7291	1,11	0,1335	0,8665
0,12	0,4522	0,5478	0,62	0,2676	0,7324	1,12	0,1314	0,8686
0,13	0,4483	0,5517	0,63	0,2643	0,7357	1,13	0,1292	0,8708
0,14	0,4443	0,5557	0,64	0,2611	0,7389	1,14	0,1271	0,8729
0,15	0,4404	0,5596	0,65	0,2578	0,7422	1,15	0,1251	0,8749
0,16	0,4364	0,5636	0,66	0,2546	0,7454	1,16	0,1230	0,8770
0,17	0,4325	0,5675	0,67	0,2514	0,7486	1,17	0,1210	0,8790
0,18	0,4286	0,5714	0,68	0,2483	0,7517	1,18	0,1190	0,8810
0,19	0,4247	0,5753	0,69	0,2451	0,7549	1,19	0,1170	0,8830
0,20	0,4207	0,5793	0,70	0,2420	0,7580	1,20	0,1151	0,8849
0,21	0,4168	0,5832	0,71	0,2389	0,7611	1,21	0,1131	0,8869
0,22	0,4129	0,5871	0,72	0,2358	0,7642	1,22	0,1112	0,8888
0,23	0,4090	0,5910	0,73	0,2327	0,7673	1,23	0,1093	0,8907
0,24	0,4052	0,5948	0,74	0,2296	0,7704	1,24	0,1075	0,8925
0,25	0,4013	0,5987	0,75	0,2266	0,7734	1,25	0,1056	0,8944
0,26	0,3974	0,6026	0,76	0,2236	0,7764	1,26	0,1038	0,8962
0,27	0,3936	0,6064	0,77	0,2206	0,7794	1,27	0,1020	0,8980
0,28	0,3897	0,6103	0,78	0,2177	0,7823	1,28	0,1003	0,8997
0,29	0,3859	0,6141	0,79	0,2148	0,7852	1,29	0,0985	0,9015
0,30	0,3821	0,6179	0,80	0,2119	0,7881	1,30	0,0968	0,9032
0,31	0,3783	0,6217	0,81	0,2090	0,7910	1,31	0,0951	0,9049
0,32	0,3745	0,6255	0,82	0,2061	0,7939	1,32	0,0934	0,9066
0,33	0,3707	0,6293	0,83	0,2033	0,7967	1,33	0,0918	0,9082
0,34	0,3669	0,6331	0,84	0,2005	0,7995	1,34	0,0901	0,9099
0,35	0,3632	0,6368	0,85	0,1977	0,8023	1,35	0,0885	0,9115
0,36	0,3594	0,6406	0,86	0,1949	0,8051	1,36	0,0869	0,9131
0,37	0,3557	0,6443	0,87	0,1922	0,8078	1,37	0,0853	0,9147
0,38	0,3520	0,6480	0,88	0,1894	0,8106	1,38	0,0838	0,9162
0,39	0,3483	0,6517	0,89	0,1867	0,8133	1,39	0,0823	0,9177
0,40	0,3446	0,6554	0,90	0,1841	0,8159	1,40	0,0808	0,9192
0,41	0,3409	0,6591	0,91	0,1814	0,8186	1,41	0,0793	0,9207
0,42	0,3372	0,6628	0,92	0,1788	0,8212	1,42	0,0778	0,9222
0,43	0,3336	0,6664	0,93	0,1762	0,8238	1,43	0,0764	0,9236
0,44	0,3300	0,6700	0,94	0,1736	0,8264	1,44	0,0749	0,9251
0,45	0,3264	0,6736	0,95	0,1711	0,8289	1,45	0,0735	0,9265
0,46	0,3228	0,6772	0,96	0,1685	0,8315	1,46	0,0721	0,9279
0,47	0,3192	0,6808	0,97	0,1660	0,8340	1,47	0,0708	0,9292
0,48	0,3156	0,6844	0,98	0,1635	0,8365	1,48	0,0694	0,9306
0,49	0,3121	0,6879	0,99	0,1611	0,8389	1,49	0,0681	0,9319
0,50	0,3085	0,6915	1,00	0,1587	0,8413	1,50	0,0668	0,9332

z	$\Phi(-z)$	$\Phi(z)$	z	$\Phi(-z)$	$\Phi(z)$	z	$\Phi(-z)$	$\Phi(z)$
1,51	0,0655	0,9345	2,01	0,0222	0,9778	2,51	0,0060	0,9940
1,52	0,0643	0,9357	2,02	0,0217	0,9783	2,52	0,0059	0,9941
1,53	0,0630	0,9370	2,03	0,0212	0,9788	2,53	0,0057	0,9943
1,54	0,0618	0,9382	2,04	0,0207	0,9793	2,54	0,0055	0,9945
1,55	0,0606	0,9394	2,05	0,0202	0,9798	2,55	0,0054	0,9946
1,56	0,0594	0,9406	2,06	0,0197	0,9803	2,56	0,0052	0,9948
1,57	0,0582	0,9418	2,07	0,0192	0,9808	2,57	0,0051	0,9949
1,58	0,0571	0,9429	2,08	0,0188	0,9812	2,58	0,0049	0,9951
1,59	0,0559	0,9441	2,09	0,0183	0,9817	2,59	0,0048	0,9952
1,60	0,0548	0,9452	2,10	0,0179	0,9821	2,60	0,0047	0,9953
1,61	0,0537	0,9463	2,11	0,0174	0,9826	2,61	0,0045	0,9955
1,62	0,0526	0,9474	2,12	0,0170	0,9830	2,62	0,0044	0,9956
1,63	0,0516	0,9484	2,13	0,0166	0,9834	2,63	0,0043	0,9957
1,64	0,0505	0,9495	2,14	0,0162	0,9838	2,64	0,0041	0,9959
1,65	0,0495	0,9505	2,15	0,0158	0,9842	2,65	0,0040	0,9960
1,66	0,0485	0,9515	2,16	0,0154	0,9846	2,66	0,0039	0,9961
1,67	0,0475	0,9525	2,17	0,0150	0,9850	2,67	0,0038	0,9962
1,68	0,0465	0,9535	2,18	0,0146	0,9854	2,68	0,0037	0,9963
1,69	0,0455	0,9545	2,19	0,0143	0,9857	2,69	0,0036	0,9964
1,70	0,0446	0,9554	2,20	0,0139	0,9861	2,70	0,0035	0,9965
1,71	0,0436	0,9564	2,21	0,0136	0,9864	2,71	0,0034	0,9966
1,72	0,0427	0,9573	2,22	0,0132	0,9868	2,72	0,0033	0,9967
1,73	0,0418	0,9582	2,23	0,0129	0,9871	2,73	0,0032	0,9968
1,74	0,0409	0,9591	2,24	0,0125	0,9875	2,74	0,0031	0,9969
1,75	0,0401	0,9599	2,25	0,0122	0,9878	2,75	0,0030	0,9970
1,76	0,0392	0,9608	2,26	0,0119	0,9881	2,76	0,0029	0,9971
1,77	0,0384	0,9616	2,27	0,0116	0,9884	2,77	0,0028	0,9972
1,78	0,0375	0,9625	2,28	0,0113	0,9887	2,78	0,0027	0,9973
1,79	0,0367	0,9633	2,29	0,0110	0,9890	2,79	0,0026	0,9974
1,80	0,0359	0,9641	2,30	0,0107	0,9893	2,80	0,0026	0,9974
1,81	0,0351	0,9649	2,31	0,0104	0,9896	2,81	0,0025	0,9975
1,82	0,0344	0,9656	2,32	0,0102	0,9898	2,82	0,0024	0,9976
1,83	0,0336	0,9664	2,33	0,0099	0,9901	2,83	0,0023	0,9977
1,84	0,0329	0,9671	2,34	0,0096	0,9904	2,84	0,0023	0,9977
1,85	0,0322	0,9678	2,35	0,0094	0,9906	2,85	0,0022	0,9978
1,86	0,0314	0,9686	2,36	0,0091	0,9909	2,86	0,0021	0,9979
1,87	0,0307	0,9693	2,37	0,0089	0,9911	2,87	0,0021	0,9979
1,88	0,0301	0,9699	2,38	0,0087	0,9913	2,88	0,0020	0,9980
1,89	0,0294	0,9706	2,39	0,0084	0,9916	2,89	0,0019	0,9981
1,90	0,0287	0,9713	2,40	0,0082	0,9918	2,90	0,0019	0,9981
1,91	0,0281	0,9719	2,41	0,0080	0,9920	2,91	0,0018	0,9982
1,92	0,0274	0,9726	2,42	0,0078	0,9922	2,92	0,0018	0,9982
1,93	0,0268	0,9732	2,43	0,0075	0,9925	2,93	0,0017	0,9983
1,94	0,0262	0,9738	2,44	0,0073	0,9927	2,94	0,0016	0,9984
1,95	0,0256	0,9744	2,45	0,0071	0,9929	2,95	0,0016	0,9984
1,96	0,0250	0,9750	2,46	0,0069	0,9931	2,96	0,0015	0,9985
1,97	0,0244	0,9756	2,47	0,0068	0,9932	2,97	0,0015	0,9985
1,98	0,0239	0,9761	2,48	0,0066	0,9934	2,98	0,0014	0,9986
1,99	0,0233	0,9767	2,49	0,0064	0,9936	2,99	0,0014	0,9986
2,00	0,0228	0,9772	2,50	0,0062	0,9938	3,00	0,0013	0,9987

Literatur

1. AIDS-Hilfe Wien: AIDS-Statistik. http://www.aids.at/index.php?id (2011)

2. Bishop, C.M.: Pattern Recognition and Machine Learning. Springer, New York (2006)

3. Bolstad, W.M.: Introduction to Bayesian Statistics. Wiley & Sons, Hoboken, New Jersey (2007)

4. Bortz, J.: Statistik für Human- und Sozialwissenschaftler. Springer, Heidelberg (2005)

5. Brandstätter, E.: Konfidenzintervalle als Alternative zu Signifikanztests. Methods of Psychological Research Online **4**, 2 (1999). Pabst Science Publishers

6. Carnap, R.: Induktive Logik und Wahrscheinlichkeit. Springer, Wien (1959)

7. Fries, J., Crapo, L.: Vitality and Aging: Implications of the Rectangular Curve. Freeman & Co Publishers, San Francisco (1981)

8. Held, L.: Methoden der statistischen Inferenz. Likelihood und Bayes. Spektrum, Heidelberg (2008)

9. Hilgers, R.-D., Bauer, P., Scheiber, V.: Einführung in die Medizinische Statistik. Springer, Berlin Heidelberg (2007)

10. Jaynes, E.T.: Probability Theory. The Logic of Science. Cambridge University Press, New York (2003)

11. Kerman, J.: A closed-form approximation for the median of the beta distribution. arXiv: 1111.0433v1, (2011)

12. Kolmogorow, A.: Grundbegriffe der Wahrscheinlichkeitsrechnung. Springer, Berlin (1933)

13. Kreyszig, E.: Statistische Methoden und ihre Anwendungen. Vandenhoeck & Ruprecht, Göttingen (1982)

14. Mantell, D.M.: The Potential for Violence in Germany. Journal of Social Issues **27**(4), 101–112 (1971)

15. Milgram, S.: Das Milgram-Experiment. Rowohlt, Reinbek bei Hamburg (1990)

16. Millikan, R.A.: On the Elementary Electrical Charge and the Avogadro Constant. Physical Review **II**(II), 109–143 (1913)

17. Mohr, P.J., Taylor, B.N., Newell, D.B.: CODATA Recommended Values of the Fundamental Physical Constants: 2010. National Institute of Standards and Technology, Gaithersburg, Maryland (2012)

18. Polasek, W.: Schließende Statistik. Einführung in die Schätz- und Testtheorie für Wirtschaftswissenschaftler. Springer, Berlin Heidelberg (1997)

19. Popper, K.: The Propensity Interpretation of the Calculus of Probability and the Quantum Theory. Korner & Price, London (1957)

20. Rinne, H.: Taschenbuch der Statistik. Harri Deutsch, Frankfurt am Main (2003)

21. Robert, C.P.: The Bayesian Choice. From Decision-Theoretic Foundations to Computational Implementation. Springer, New York (2007)

22. Rudolf, M., Kuhlisch, W.: Biostatistik. Eine Einführung für Biowissenschaftler. Pearson, München (2008)

23. Russell, S., Norvig, P.: Künstliche Intelligenz. Ein moderner Ansatz. Pearson, München (2004)

24. Schrödinger, E.: Was ist ein Naturgesetz? Beiträge zum naturwissenschaftlichen Weltbild. Oldenbourg, München (1997)

25. Semmelweis, I.P.: Offener Brief an sämtliche Professoren der Geburtshilfe. Königlich Ungarische Universität zu Pest, Buda (1862)

26. Statistik Austria: Familien nach Familientyp und Zahl der Kinder ausgewählter Altersgruppen – Jahresdurchschnitt 2010. Statistik Austria, Wien (2011)

27. Statistik Austria: Studierende in Österreich im Wintersemester 2009/10. Statistik Austria, Wien (2010)

28. Tschirk, W.: Self-Optimizing Voice Control User Interface. Proceedings of the European Signal Processing Conference EUSIPCO. (2004)

Namen- und Sachverzeichnis